计算机综合应用能力考试全真题库

计算机应用基础试题汇编

(第二版)

主编　谢尊贤

编者　（按编写章节顺序为序）

谢尊贤　王中生　安　娜

黄振波　范秀琴　白延丽

主审　耿国华

西安电子科技大学出版社

内 容 简 介

本书是根据陕西省计算机综合应用能力考试大纲和各类院校开设的计算机应用基础、计算机文化基础等课程的要求，在第一版的基础上修编写而成的。全书共分 8 章，涵盖了计算机基础及安全与维护知识、Windows XP 操作系统、多媒体技术基础、计算机网络与 Internet、Word 2003、Excel 2003、PowerPoint 2003 及综合应用等内容。全书由理论知识和技能操作两部分组成，为了方便读者学习，分别给出了相应的参考答案和样文。附录中附有陕西省计算机综合应用能力考试大纲。

本书内容全面、图文并茂，实用性强，是陕西省计算机综合应用能力考试的专用题库，也是各类在校学生、自考学生学习计算机应用基础、计算机文化基础等课程和参加全国计算机信息高新技术等考试的必备参考书。本书还可供广大计算机爱好者自学使用。

如果需要与本书配套的素材资料，可与本社发行部联系。

图书在版编目（CIP）数据

计算机应用基础试题汇编 / 谢尊贤主编. —2 版.
—西安：西安电子科技大学出版社，2008.8(2015.8 重印)
计算机综合应用能力考试全真题库
ISBN 978-7-5606-2102-9

Ⅰ. 计… Ⅱ. 谢… Ⅲ. 电子计算机—习题 Ⅳ. TP3-44

中国版本图书馆 CIP 数据核字（2008）第 117016 号

策　　划　毛红兵
责任编辑　毛红兵
出版发行　西安电子科技大学出版社（西安市太白南路 2 号）
电　　话　(029)88242885　88201467　邮　　编　710071
网　　址　www.xduph.com　　电子邮箱　xdupfxb001@163.com
经　　销　新华书店
印刷单位　陕西天意印务有限责任公司
版　　次　2008 年 8 月第 2 版　2015 年 8 月第 12 次印刷
开　　本　787 毫米×1092 毫米　1/16　印张 15.5
字　　数　364 千字
印　　数　92 101～96 100 册
定　　价　25.00 元
ISBN 978 – 7 – 5606 – 2102 – 9 / TP・1078
XDUP 2394002-12

前　言

为适应新时期新技术发展和当前就业市场的需要，满足计算机综合应用能力鉴定工作的需要，陕西省职业技能鉴定指导中心组织了一些长期从事计算机教学与研究工作的专家研发了陕西省计算机综合应用能力考试大纲与试题库，并经人力资源和社会保障部职业技能鉴定中心批准，率先开展了计算机综合应用能力考试的试点工作，尝试将院校教学与国家职业资格认证相结合、院校理论教学与实践技能训练相结合、院校培养目标与市场经济对人才的需求相结合的三位一体模式，进一步推动院校计算机基础教学的改革和创新，得到了院校师生和社会各界的广泛认可。针对计算机综合应用能力考试编写的《计算机应用基础试题汇编》一经出版便受到了许多院校的一致好评，广大师生和读者给予了较高的评价。

计算机科学技术是一项日新月异的高新技术，计算机综合应用能力教学和训练突出了技能性和操作性，强化了将知识转化为技能的教学指导思想，体现了考核内容与形式不断改进和完善，并促进其伴随新技术的发展与时俱进的时代精神。本书根据陕西省计算机综合应用能力考试全真新题库编写而成。

本书由陕西省职业技能鉴定计算机专家委员会主任、陕西省计算机综合应用能力考试大纲与试题库项目研究组组长、西安建筑科技大学谢尊贤主编，由教育部文科计算机基础教学指导委员会副主任、西北大学信息科学与技术学院副院长耿国华教授主审。谢尊贤编写了第1、2章及第3、4、5章的理论试题及附录，并对全书进行了统稿及对相关章节进行了补充和修改；王中生编写了第3章及第4章的理论试题；安娜编写了第4章的技能操作题和第8章；黄振波编写了第5章的技能操作题；范秀琴编写了第6章的技能操作题；白延丽编写了第7章的技能操作题。

在本书的编写过程中，张雷、秦艳丽、尚宏、赵愿等同志做了大量有益的工作，在本项目的研发过程中还得到了陕西省职业技能鉴定指导中心等有关的领导和同志们以及其他专家的大力支持和帮助，在此一并表示感谢。

在本书的编写过程中，我们试图体现各类院校“计算机应用基础”课程的教学现状，力求做到既考虑学校教学的需要，又能体现国家职业标准的要求。但由于时间仓促，加之水平所限，难免有疏漏之处，敬请读者批评指正。

编　者

2008.7.18

第一版前言

当今计算机科学技术已深深融入到人们的日常生活当中，成为人们立足于现代社会不可或缺的必须掌握的基本知识和基本技能。随着计算机科学技术在各个领域的广泛应用，社会对院校学生的培养提出了更新更高的要求，具备计算机知识及其应用能力已经成为衡量当代学生和各类人才综合素质高低的重要条件。开展计算机综合应用能力的教学，旨在加强院校学生综合素质的培养，拓宽就业渠道，为院校毕业生营造良好的就业条件，提升毕业生的就业竞争力。

计算机科学技术是一项日新月异的高新技术，对计算机应用能力的考核内容和形式也应跟随新技术的发展与时俱进，不断地进行改革和完善。计算机综合应用能力的训练突出了技能性和操作性，强化了将知识转化为技能的教学指导思想，并将国家职业资格认证与学校教学相结合，院校培养目标与市场经济对人才要求相结合，教学与鉴定相结合，这是对计算机教学改革的一种创新和尝试，以满足新时期新技术发展和当前就业市场的需要。为满足计算机综合应用能力鉴定工作的需要，由我省一些长期从事计算机教学与研究工作的专家研发了陕西省计算机综合应用能力考试大纲与试题库，并编写了本书。

本书由陕西省职业技能鉴定计算机专家委员会主任、陕西省计算机综合应用能力考试大纲与试题库研发组组长、西安建筑科技大学谢尊贤担任主编，由教育部文科计算机基础教学指导委员会副主任、西北大学信息科学与技术学院副院长耿国华教授担任主审。谢尊贤编写了第 1、2 章和第 3、4、5 章的理论试题及附录，并对全书进行了统稿及对相关章节进行了补充和修改；黄振波编写了第 3 章的技能操作题；范秀琴编写了第 4 章的技能操作题；白延丽编写了第 5 章的技能操作题；安娜编写了第 6 章的技能操作题和第 8 章；王中生编写了第 6 章的理论试题和第 7 章。

在本书的编写过程中，张雷、秦艳丽、尚宏、赵愿等同志做了大量有益的工作，在本项目的研发过程中还得到了有关领导和其他专家的大力支持和帮助，在此一并表示感谢。

在本书的编写过程中，我们试图体现各类院校“计算机应用基础”课程的教学现状，力求做到既考虑学校教学的需要，又能体现国家职业标准的要求。但由于时间仓促，加之水平所限，难免有错误或疏漏之处，敬请读者批评指正。

编 者

2007.9.28

目　录

第 1 章　计算机基础及安全与维护知识

1．世界上第一台电子计算机是在(　)年诞生的。

(A) 1927　　(B) 1936

(C) 1946　　(D) 1952

2．世界上第一台计算机是(　)。

(A) EDSAC　　(B) ENIAC

(C) EDVAC　　(D) UNIVAC

3．第一代计算机的主要电子元器件采用的是(　)。

(A) 晶体管

(B) 小规模集成电路

(C) 电子管

(D) 大规模和超大规模集成电路

4．目前微型计算机中采用的电子元器件是(　)。

(A) 小规模集成电路

(B) 大规模和超大规模集成电路

(C) 中规模集成电路

(D) 分立元件

5．计算机根据其运算速度、存储能力、功能强弱、配套设备等因素可划分为(　)。

(A) 台式计算机、便携式计算机、膝上型计算机

(B) 巨型机、大型机、中型机、小型机和微型机

(C) 电子管计算机、晶体管计算机、集成电路计算机

(D) 8 位机、16 位机、32 位机、64 位机

6．个人计算机(PC)属于(　)类型。

(A) 微型计算机　　(B) 大型计算机

(C) 小型机　　(D) 超级计算机

7．就应用领域而言，微型计算机中使用的关系数据库属于(　)。

(A) 科学计算　　(B) 实时控制

(C) 计算机辅助设计　　(D) 数据处理

8．微型计算机中使用的数据库管理系统，属下列计算机应用中的(　)。

(A) 人工智能　　(B) 信息管理

(C) 专家系统　　(D) 科学计算

9．目前计算机最具有代表性的应用领域有科学计算、数据处理、实时控制和(　)。

(A) 辅助设计　　(B) 文字处理

(C) 办公自动化　　(D) 操作系统

10．微型计算机在情报检索中的应用，属于下列应用领域中的(　)。

(A) 数据处理　　(B) 科学计算

(C) 实时控制　　(D) 计算机辅助设计

11．办公自动化是计算机的一项应用，按计算机的应用分类，它属于(　)。

(A) 科学计算　　(B) 数据处理

(C) 实时控制　　(D) 辅助设计

12．计算机辅助设计的英文缩写是(　)。

(A) CAT　　(B) CAM

(C) CAE　　(D) CAD

13．运用计算机进行导弹轨道计算，是计算机在(　)方面的应用。

(A) 自动控制　　(B) 信息处理

(C) 数值计算　　(D) 人工智能

14．与十进制数 100 等值的二进制数是(　)。

(A) 0010011　　(B) 1100010

(C) 1100110　　(D) 1100100

15．二进制数 1010.11 对应的十进制数为(　)。

(A) 10.75　　(B) 22.6

(C) 14.125　　(D) 20.3

16．十进制数 215.6875 对应的二进制数是(　)。

(A) 10110101.1101　　(B) 1110101.10011

(C) 11010111.1011　　(D) 110010011.01001

17．下列几个不同数制的整数中，最大的一个是(　)。

(A) $(5A)_{16}$　　(B) $(77)_8$

(C) $(70)_{10}$　　(D) $(1001001)_2$

18．在计算机的多种技术指标中，决定计算机计算精度的是(　)。

(A) 运算速度　　(B) 存储容量

(C) 字长　　(D) 进位精度

19．计算机中存储数据的最小单位是(　)。

(A) 位　　(B) 字节

(C) 字　　(D) KB

20．在微型计算机中，bit 的中文含义是(　)。

(A) 字节　　(B) 字

(C) 二进制位　　(D) 双字

21．在微型计算机中，存储容量为 2 MB 是指(　)。

(A) 2×1024 B　　(B) 2×1000×1000 B

(C) 2×1000 B　　(D) 2×1024×1024 B

22．某台微型计算机的内存容量为 128 M，指的是(　)。

(A) 128 M 位　　(B) 128 M 字

(C) 128 M 字节　　(D) 128000 K 字

23．当表示计算机存储器的容量时，1K 等于(　)。

(A) 1000 M　　(B) 1024 M

(C) 1024 Byte　　(D) 1000 Byte

24．在计算机内部，一切信息的存取、处理和传送都是以(　)进行的。

(A) ASCII 码　　(B) 二进制

(C) BCD 码　　(D) 十六进制

25．在计算机中，应用最普遍的字符编码是(　)。

(A) 汉字编码　　(B) BCD 码

(C) ASCII 码　　(D) 机内码

26．在下列字符中，其 ASCII 码值最大的一个是(　)。

(A) a　　(B) 9

(C) 空格字符　　(D) Z

27．汉字国标码(GB2312—80)规定每个汉字的编码用(　)。

(A) 1 个字节表示　　(B) 3 个字节表示

(C) 2 个字节表示　　(D) 4 个字节表示

28．在 16×16 点阵的字库中，“网”字的字模和“络”的字模所占的存储单元个数是(　)。

(A) 两个字一样多　　(B) “网”字占得多

(C) “络”字占得多　　(D) 不能确定

29．5000 个 32×32 点阵的汉字，占用容量(　)。

(A) 1024 B　　(B) 1024 KB

(C) 625 KB　　(D) 5000 KB

30．实现汉字字形表示的方法一般可分为(　)两大类。

(A) 矢量式与向量式　　(B) 点阵式与网络式

(C) 网络式与矢量式　　(D) 点阵式与矢量式

31．一个完整的计算机系统包括(　)。

(A) 计算机及其外部设备　　(B) 主机、键盘和显示器

(C) 硬件系统和软件系统　　(D) 系统软件和应用软件

32．计算机硬件系统由(　)组成。

(A) 控制器、显示器、打印机和键盘

(B) CPU、主机、显示器、硬盘和电源

(C) 控制器、运算器、存储器、输入设备、输出设备

(D) 主机箱、集成块、显示器和电源

33．“CPU”的中文名称是(　)。

(A) 内存储器　　(B) 中央处理器

(C) 运算器　　(D) 控制器

34．显示器分辨率一般用(　)来表示。

(A) 能显示多少个字符　　(B) 横向点数与纵向点数

(C) 能显示的信息量　　(D) 能显示的颜色数

35．计算机主机是指(　)。

(A) CPU 和运算器　　(B) CPU 和外存储器

(C) CPU 和内存储器　　(D) CPU、内存储器和 I/O 接口

36．CPU 是由(　)组成的。

(A) 内存储器和控制器

(B) 内存储器、控制器和运算器

(C) 内存储器和运算器

(D) 控制器和运算器

37．能直接和 CPU 交换信息的功能单元是(　)。

(A) 硬盘　　(B) 控制器

(C) 运算器　　(D) 主存

38．CPU 可直接读写的计算机部件是(　)。

(A) 外存　　(B) 硬盘

(C) 软盘　　(D) 内存

39．决定微型计算机性能的主要因素是(　)。

(A) 价格　　(B) 控制器

(C) CPU　　(D) 质量

40．计算机的性能主要取决于(　)。

(A) 磁盘容量、显示器的分辨率和打印机的配置

(B) 字长、运算速度和内存容量

(C) 所配备的语言、所配备的操作系统和所配备的外部设备

(D) 机器的价格、所配备的操作系统、光盘驱动器的速度

41．计算机的运算速度主要取决于(　)。

(A) CPU 的档次　　(B) 操作者的打字速度

(C) 硬盘容量的大小　　(D) 软件的优劣

42．下列说法中正确的是(　)。

(A) 计算机体积越大，其功能就越强

(B) 点阵打印机的针数越多，则能打印的汉字字体就越多

(C) 两个显示器屏幕大小相同，则它们的分辨率必定相同

(D) 在微型计算机的性能指标中，CPU 的主频越高，其运算速度越快

43．按字长可将微型计算机分为 8 位机、16 位机、32 位机。所谓 32 位机，是指该计算机的 CPU(　)。

(A) 同时能处理 32 位二进制数　　(B) 有 32 个寄存器

(C) 只能处理 32 位二进制定点数　　(D) 具有 32 位的寄存器

44．在微型计算机中，微处理器的主要功能是进行(　)。

(A) 算术运算、逻辑运算及全机的控制

(B) 算术运算和逻辑运算

(C) 逻辑运算

(D) 算术运算

45．下列说法中正确的是(　)。

(A) 运算器主要完成对数据的运算，包括算术运算和逻辑运算

(B) 控制器直接控制计算机系统的输入与输出操作

(C) 控制器主要负责分析指令，并根据指令作相应的运算

(D) 运算器主要负责分析指令，并根据指令作相应的运算

46．一般情况下，外存中存放的数据在断电后(　)丢失。

(A) 多数　(B) 少量

(C) 完全　(D) 不会

47．用户在计算机上编辑某个文件时突然断电，会丢失的是(　)。

(A) ROM 和 RAM 中的信息　(B) 硬盘中的文件

(C) ROM 中的信息　(D) RAM 中的信息

48．在微型计算机的性能指标中，内存储器容量通常是指(　)。

(A) RAM 的容量　(B) ROM 的容量

(C) ROM 和 RAM 的容量总和　(D) CD-ROM 的容量

49．在计算机系统中，CPU 可以直接读写信息的是(　)。

(A) U 盘　(B) 光盘

(C) RAM　(D) ROM

50．计算机有数据信息和控制信息，在运算器中进行运算的数据信息来自(　)。

(A) 内存储器　(B) 外存储器

(C) 磁盘　(D) 硬盘

51．计算机的存储单元中存储的内容(　)。

(A) 只能是数据　(B) 只能是程序

(C) 只能是指令　(D) 可以是数据和指令

52．计算机的内存比外存(　)。

(A) 存储容量大　(B) 价格便宜

(C) 存取速度快　(D) 不便宜但能存储更多的信息

53．下列描述中，正确的是(　)。

(A) CPU 可以直接执行外存储器中的程序

(B) RAM 是外设，不能直接与 CPU 交换信息

(C) 软盘驱动器和硬盘驱动器都是内存储设备

(D) 外存储器中的程序，只有调入内存后才能运行

54．在下列各种设备中，读取数据的速度由快到慢依次是(　)。

(A) 内存、硬盘驱动器、软盘驱动器

(B) 软盘驱动器、内存、硬盘驱动器

(C) 软盘驱动器、硬盘驱动器、内存

(D) 硬盘驱动器、内存、软盘驱动器

55．微型机中必不可少的输入/输出设备是(　)。

(A) 键盘和鼠标器　(B) 键盘和显示器

(C) 显示器和打印机　(D) 鼠标器和打印机

56．微机系统与外部交换信息主要通过(　)。

(A) 显示器　　(B) 键盘

(C) 鼠标　　(D) 输入/输出设备

57．速度快、分辨率高的打印机类型是(　)打印机。

(A) 非击打式　　(B) 点阵

(C) 击打式　　(D) 激光

58．下列设备中，属于输入设备的是(　)。

(A) 显示器　　(B) 鼠标器

(C) 打印机　　(D) 绘图仪

59．下列设备中，(　)不能作为微机的输出设备。

(A) 打印机　　(B) 绘图仪

(C) 显示器　　(D) 键盘

60．下列部件中，(　)是计算机的记忆装置，用于存放原始数据和最终结果等。

(A) 输出设备　　(B) 运算器

(C) 控制器　　(D) 存储器

61．硬盘工作时，应避免(　)。

(A) 光线直射　　(B) 噪声

(C) 强烈振动　　(D) 环境卫生不好

62．大写字母锁定键主要用于连续输入若干个大写字母，其键名是(　)。

(A) Shift　　(B) Caps Lock

(C) Alt　　(D) Ctrl

63．当处于大写锁定状态下时，按下(　)键会将大写转换成小写。

(A) Tab　　(B) Shift

(C) Ctrl　　(D) Delete

64．数字/方向键受(　)的控制，按下此键为数字状态，再按此键为光标控制状态。

(A) Num Lock　　(B) Scroll Lock

(C) Caps Lock　　(D) Enter

65．键盘上的删除键和插入状态切换键分别是(　)。

(A) Delete 和 Insert　　(B) BackSpace 和 Delete

(C) Insert 和 BackSpace　　(D) PageUp 和 Delete

66．通常所说的 I/O 设备指的是(　)。

(A) 通信设备　　(B) 网络设备

(C) 输入/输出设备　　(D) 控制设备

67．计算机的常用输出设备有(　)。

(A) 显示器、打印机、绘图仪　　(B) 键盘、显示器、打印机

(C) 打印机、显示器、鼠标　　(D) 显示器、ROM、RAM

68．U盘设置写保护后，处于写保护状态，此时可进行的操作为(　)。

(A) 可以从U盘读出内容，也可以给U盘写入内容

(B) 只能从U盘读出内容，但不能给U盘写入内容

(C) 只能给U盘写入内容，但不能从U盘读出内容
(D) 不能从U盘读出内容，也不能给U盘写入内容

69. 下列关于显示器使用的注意事项中，错误的是( )。
(A) 在电脑使用中，切忌将书本、纸张搁置在显示器上
(B) 避免强磁场靠近显示器
(C) 在电脑使用中，不要将防尘罩从显示器上拿开
(D) 多媒体计算机的音箱应选用防磁的

70. CGA、EGA和VGA标志着( )的不同规格和性能。
(A) 打印机　　(B) 显示器
(C) 绘图仪　　(D) 硬盘

71. 计算机系统中必要的、使用最广泛的、用于人机交互的输出设备是( )。
(A) 打印机　　(B) 绘图仪
(C) 显示器　　(D) 声卡

72. 当主机或打印机中一方电源开启时，不能插拔打印电缆，原因是( )。
(A) 带电插拔会对人造成电击
(B) 带电插拔会使相邻的打印机输出错误的结果
(C) 带电插拔会使计算机不能工作
(D) 带电插拔会因为瞬时电流过大而损坏接口

73. 冯·诺依曼计算机的基本原理是( )。
(A) 外接电路板　　(B) 逻辑连接
(C) 内置数据　　(D) 存储程序

74. 所谓“裸机”是指( )。
(A) 单片机　　(B) 单板机
(C) 只装备操作系统的计算机　　(D) 不装备任何软件的计算机

75. 操作系统的功能是( )
(A) 把用户程序进行编译、执行并给出结果
(B) 对各种文件目录进行保管
(C) 对计算机的主机和外设进行连接
(D) 管理和控制计算机系统硬件、软件和数据资源

76. 操作系统是( )的接口。
(A) 主机和外设　　(B) 高级语言和机器语言
(C) 系统软件和应用软件　　(D) 用户和计算机

77. 下面列出的软件中，缺少( )计算机系统难以工作。
(A) 编译程序　　(B) 应用程序
(C) 操作系统　　(D) 编辑程序

78. 系统软件的核心是( )，它用于管理和控制计算机的软、硬件资源。
(A) 操作系统　　(B) 数据库管理系统
(C) 应用软件系统　　(D) 语言处理程序

79．具有及时性和高可靠性的操作系统是(　)。

(A) 分时操作系统　　(B) 多道批处理系统

(C) 单道批处理系统　　(D) 实时操作系统

80．下列软件中，(　)不是操作系统。

(A) DOS　　(B) Windows XP

(C) UNIX　　(D) Excel

81．下列说法正确的是(　)。

(A) 由软件厂商开发的一些大型软件，如 CAD 软件属于一种系统软件

(B) 一台计算机中全部软件的集合，称为这台计算机的软件系统

(C) 计算机软件，就是计算机程序

(D) 一般来说，一台计算机包括硬件和软件系统两部分，但是硬件系统是主要部分，因为没有软件，一般人员都能使用，只是速度稍慢而已

82．通常计算机的软件系统是指(　)。

(A) 编辑软件、支持软件　　(B) 实用软件、应用软件

(C) 应用软件、编辑软件　　(D) 应用软件、系统软件

83．下列软件中，(　)是系统软件。

(A) 人事管理软件　　(B) Windows XP 操作系统

(C) Word 2003　　(D) 股票分析软件

84．下列软件中，不属于系统软件的是(　)。

(A) C 语言源程序　　(B) 操作系统

(C) 数据库管理系统　　(D) 编译软件

85．计算机能够直接识别和执行的语言是(　)。

(A) 机器语言　　(B) 高级语言

(C) C 语言　　(D) 汇编语言

86．机器语言指令是(　)。

(A) 由低级语言组成　　(B) 由 CPU 来识别

(C) 由操作码和地址码组成　　(D) 由 0 和 1 组成

87．下列属于低级语言的是(　)。

(A) 汇编语言　　(B) C 语言

(C) BASIC 语言　　(D) PASCAL 语言

88．为达到某一目的而编制的计算机指令序列称为(　)。

(A) 软件　　(B) 字符串

(C) 命令　　(D) 程序

89．应用软件是指(　)。

(A) 专门为某一应用目的而编制的软件

(B) 能被各应用单位共同使用的某种软件

(C) 用在微型计算机上的各种操作系统和 Office 套件

(D) 所有软件系统

90．系统软件与应用软件的关系是(　)。

(A) 后者以前者为基础　　(B) 前者以后者为基础

(C) 每一类都不以另一类为基础　　(D) 每一类都以另一类为基础

91．以下(　)的说法不正确。

(A) 我国的软件著作权受《中华人民共和国著作权法》的保护

(B) 未经软件著作权人同意复制其软件的行为是侵权行为

(C) 软件与硬件一样也是一种商品

(D) 复制加密过的软件是违法行为，但不加密的软件不受法律保护

92．下列关于“绿色”计算机的描述，错误的是(　)。

(A) 加强了电流管理，在使用中大大节约能源的计算机是“绿色”计算机

(B) 构成计算机的材料可回收利用，符合环保要求的计算机是“绿色”计算机

(C) 符合人体工程学要求，能减轻使用者长时间工作劳累的计算机是“绿色”计算机

(D) 绿颜色的计算机是“绿色”计算机

93．下列关于计算机系统安全威胁中的“计算机犯罪”描述不正确的是(　)。

(A) 社会计算机犯罪行为日益增加，造成的损失也急剧增长

(B) 计算机犯罪是指人专门利用计算机知识来完成的犯罪行为

(C) 计算机犯罪是指通过计算机操作所实施的危害人类安全的犯罪行为

(D) 计算机犯罪行为可通过计算机网络来实施

94．计算机病毒是指(　)。

(A) 一种生物病毒

(B) 特制的、具有破坏性的程序

(C) 设计不完善的一段程序

(D) 带细菌的磁盘

95．计算机病毒的主要特征是(　)。

(A) 传染性、隐藏性、破坏性和潜伏性

(B) 造成计算机器件永久失效

(C) 格式化磁盘

(D) 只会感染不会致病

96．所谓计算机病毒的危害性是指(　)。

(A) 破坏计算机硬件系统、系统软件或文件内容

(B) 使计算机突然断电

(C) 使工作人员受到伤害

(D) 使计算机发生霉变

97．文件型病毒传染的对象主要是(　)类文件。

(A) .DOC　　(B) .PRG

(C) .DBF　　(D) .COM 和.EXE

98．假设发现某微机的硬盘 C 感染上了病毒，现有一张含有杀毒软件的系统盘，在下面列出的不同操作方法中，较为有效的清除病毒的方法是(　)。

(A) 用硬盘重新自举 DOS 后运行杀毒盘中的杀毒软件杀毒

(B) 不关机直接运行软盘中的杀毒软件

(C) 用含杀毒软件的系统盘重新启动 DOS 后，再运行软盘中的杀毒软件杀毒

(D) 以上三种答案都是

99．防止 U 盘感染病毒的方法可以是(　)。

(A) 不要把 U 盘和病毒盘放在一起　　(B) 对 U 盘进行写保护

(C) 定期对 U 盘格式化　　(D) 保持机房整洁

100．预防计算机病毒最好的办法是(　)。

(A) 对磁盘定期格式化　　(B) 使用计算机前先杀病毒

(C) 少上网以免受感染　　(D) 少使用软盘

第 2 章　Windows XP 操作系统

1．微机的开机顺序应是(　)。

(A) 先开外设，再开主机　　(B) 先开显示器，再开打印机

(C) 先开主机，再开显示器　　(D) 先开主机，再开外设

2．微机的关机的顺序(　)。

(A) 先关显示器，后关主机　　(B) 和开机顺序一致

(C) 任意　　(D) 和开机顺序相反

3．下面(　)方法是微机的热启动。

(A) 重新加电启动　　(B) Ctrl+Alt+Del

(C) Ctrl+Insert　　(D) Ctrl+S

4．下面以(　)为扩展名的文件是不能直接运行的。

(A) .C　　(B) .BAT

(C) .SYS　　(D) .EXE

5．DOS 系统中打印机设备名是(　)。

(A) PRN　　(B) PRINTER

(C) AUX　　(D) CON

6．DOS、Windows 操作系统对设备采用约定的文件名。在下列名称中，(　)属于设备文件名，它们不能作为文件夹名或文件主名。

(A) SYS　　(B) BAT

(C) COM　　(D) CON

7．DOS 目录是(　)。

(A) 树形结构　　(B) 网状结构

(C) 菜单结构　　(D) 环状结构

8．Windows XP 的文件组织结构是(　)。

(A) 表格结构　　(B) 网状结构

(C) 线性结构　　(D) 树形文件

9．设当前工作盘是硬盘，存盘命令中没有指明盘符，则信息将存放在(　)。

(A) 软盘　　(B) 硬盘

(C) 软盘和硬盘　　(D) 内存

10．把内存中的数据传送到硬盘中去的过程称为(　)。

(A) 输入　　(B) 读盘

(C) 写盘　　(D) 打印

11．下列叙述中，错误的是(　)。

(A) 把数据从内存传输到硬盘叫写盘

(B) 把源程序转换为目标程序的过程叫编译
(C) 计算机内部对数据的传输、存储和处理都使用二进制
(D) 应用软件对操作系统没有任何要求

12．下列关于 Windows XP 说法不正确的是(　)。
(A) Windows XP 的桌面外观可以根据爱好进行更改
(B) Windows XP 提供了一个基本图形的多任务、多窗口的操作环境
(C) 在安装 Windows XP 的过程中可以不创建 Windows XP 的启动盘
(D) Windows XP 不支持网络

13．Windows 操作系统属于(　)。
(A) 单用户操作系统　　(B) 命令行交互操作系统
(C) 实时操作系统　　(D) 多用户操作系统

14．“Windows XP 是一个多任务操作系统”指的是(　)。
(A) Windows 可运行多种类型各异的应用程序
(B) Windows 可供多个用户同时使用
(C) Windows 可同时运行多个应用程序
(D) Windows 可同时管理多种资源

15．对 Windows XP 系统，下列论述正确的是(　)。
(A) 仅支持鼠标操作
(B) 要在 DOS 提示符下启动 Windows
(C) 可同时打开多个窗口但不能同时运行多个程序
(D) Windows XP 有几个版本

16．有关 Windows XP，以下说法正确的是(　)。
(A) 在所有微机上都可以使用
(B) “待机”表示停止 Windows XP 中所有程序的运行，使系统处于休眠状态
(C) Windows XP 不能同时运行多个应用程序，但可以打开多个编辑文本窗口
(D) 必须退出 Windows XP，才可切换到 DOS 方式

17．Windows 操作系统的特点包括(　)。
(A) 即插即用　　(B) 图形界面
(C) 多任务　　(D) 以上都对

18．Windows 操作的一般方式是(　)。
(A) 先选择操作，后选择对象　　(B) 先选择对象，后选择操作
(C) 把操作图标拖到对象处　　(D) 对象和操作同时选择

19．在 Windows 中鼠标的基本操作包括(　)。
(A) 双击 单击 拖动 执行　　(B) 单击 拖动 执行 复制
(C) 单击 拖动 双击 指向　　(D) 单击 移动 执行 删除

20．执行 Windows XP 文件的方式有(　)。
(A) 在桌面上或资源管理器中打开快捷菜单，再选“打开”
(B) 从“开始”中“运行”对话框中选择文件，然后执行
(C) 在桌面或资源管理器中双击图标

(D) 以上均可

21．在中文 Windows XP 中，按( )键可在各种汉字输入方式之间切换。

(A) Ctrl+Space　　(B) Ctrl+Shift

(C) Alt+Space　　(D) Shift+Space

22．通常所说的区位、全拼双音、双拼双音、智能全拼、五笔字型和自然码是不同的( )。

(A) 汉字输入法　　(B) 汉字字库

(C) 汉字代码　　(D) 汉字程序

23．五笔字型输入法属于( )。

(A) 形码输入法　　(B) 音码输入法

(C) 音形结合输入法　　(D) 联想输入法

24．下列汉字输入法中，( )输入法不存在重码。

(A) 五笔字型　　(B) 自然码

(C) 智能 ABC　　(D) 区位码

25．在 Windows XP 中的各种资源是按照( )关系进行管理的。

(A) 图状结构　　(B) 树状结构

(B) 任意方式　　(D) 线性结构

26．Windows XP 是( )位操作系统。

(A) 8　　(B) 16

(C) 32　　(D) 64

27．在 Windows 中，同时按( )键一次，可以打开“任务管理器”，以关闭那些不需要的或没有响应的应用程序。

(A) Ctrl + Shift + Del　　(B) Alt + Shift + Del

(C) Ctrl + Alt + Del　　(D) Alt + Shift + Enter

28．Windows 系统正确关机的过程是( )。

(A) 在运行 Windows 时直接断电关机

(B) 关闭所有任务栏的窗口后，直接断电关机

(C) 先退到 DOS 系统，再断电关机

(D) 关闭所有运行程序，选择“开始”按钮中“关闭系统”菜单，在弹出的对话框中选择“关闭计算机”项

29．在 Windows 系统中，不需要重新启动系统的情况是( )。

(A) 修改系统配置文件　　(B) 发生系统故障

(C) 从断电状态进入工作状态　　(D) 从一个应用程序退出

30．当有多个用户共用同一台计算机时，Windows XP 提供了一条注销命令，其作用是( )。

(A) 将 Windows 关机，供其他操作系统用

(B) 将某个用户删除

(C) 关闭所有程序和网络供另一用户使用

(D) 关机命令

31．有关 Windows“屏幕保护”的说法，正确的是( )。

(A) 可以减少屏幕的损耗　　(B) 可以保护视力
(C) 可以节省计算机内存　　(D) 可以暂时中断应用程序的执行

32. 在 Windows XP 中，下列操作可以运行一个应用程序的是(　)。
(A) 用鼠标左键单击“开始”菜单中带有“…”的选项
(B) 用鼠标右键单击应用程序名
(C) 用鼠标左键双击应用程序名
(D) 用鼠标右键单击“开始”菜单中的程序命令

33. 下面关于 Windows XP 的窗口描述中，不正确的是(　)。
(A) 窗口是 Windows XP 应用程序的用户界面
(B) 用户可以改变窗口的大小和在屏幕上移动窗口
(C) Windows XP 的桌面也是 Windows XP 的窗口
(D) 窗口主要由边框、标题栏、工作区、状态栏和滚动条等组成

34. 在 Windows XP 中，为查看“帮助”信息，应按的功能键是(　)。
(A) F6　　(B) F2
(C) F1　　(D) F10

35. 设置 Windows 用户名和密码的作用是(　)。
(A) 保护自己的个人设置不被修改
(B) 防止别人删除计算机上的文件
(C) 防止别人在你的计算机上建立新用户
(D) 防止别人使用你的计算机

36. 在 Windows 中，桌面是指(　)。
(A) 窗口、图标、对话框所在的屏幕
(B) 活动窗口
(C) 资源管理器窗口
(D) 电脑台

37. Windows XP 的桌面是指(　)。
(A) 某个窗口　　(B) 活动窗口
(C) 整个屏幕　　(D) 全部窗口

38. 排列桌面项目图标的方法是(　)。
(A) 在任务栏空白区单击鼠标左键
(B) 在任务栏空白区单击鼠标右键
(C) 在桌面空白区单击鼠标左键
(D) 在桌面空白区单击鼠标右键

39. 关于 Windows XP 桌面上的图标，下述说法正确的是(　)。
(A) 图标的位置是固定不变的
(B) 每个图标由两部分组成，一个是图标的图案，一个是图标的标题
(C) 图标的图案用来说明图标是做什么用的，它是不可改变的
(D) 可以将图标删除而只留下图标的标题

40. 在 Windows XP 桌面上，不能打开“我的电脑”的操作是(　)。

(A) 左键双击“我的电脑”图标

(B) 左键单击“我的电脑”图标

(C) 右键单击“我的电脑”图标，在弹出的菜单中选择“打开”命令

(D) 在资源管理器中双击“我的电脑”图标

41．下列关于“我的电脑”的正确说法是(　)。

(A) 可以进行文件的操作，能设置鼠标、键盘、显示器等硬件设备

(B) 包含了计算机的所有系统资源

(C) 不能进行文件的查找

(D) 只能管理 U 盘、硬盘和光盘

42．在 Windows 桌面上，双击“我的电脑”图标，可以(　)。

(A) 启动计算机

(B) 关闭我的电脑

(C) 浏览本计算机上的所有资源

(D) 关闭 Windows 系统

43．以下各项中，不属于“我的电脑”结点的是(　)。

(A) 我的文档　　(B) 可移动磁盘

(C) 光驱　　(D) 网上邻居

44．在 Windows 中，通过(　)可以访问局域网上与之相连的其它计算机上的信息。

(A) 我的电脑　　(B) 网上邻居

(C) OUTLOOK　　(D) 我的文档

45．关于快捷菜单的描述中，不正确的是(　)。

(A) 快捷菜单可以显示出与某一对象相关的命令菜单

(B) 选定需要操作的对象，单击右键，屏幕上就会弹出快捷菜单

(C) 选定需要操作的对象，单击左键，屏幕上就会弹出快捷菜单

(D) 按 Esc 键或单击桌面或窗口上的任一空白区域，都可以退出快捷菜单

46．下列关于“快捷方式”的说法中，错误的是(　)。

(A) “快捷方式”是打开程序的捷径

(B) “快捷方式”的图标可以更改

(C) 删除“快捷方式”，它所指向的应用程序也会被删除

(D) 可以在桌面上创建打印机的“快捷方式”

47．对桌面背景的设置是(　)。

(A) 鼠标右键单击“我的电脑”，选择“属性”对话框

(B) 鼠标右键单击“开始”菜单

(C) 鼠标右键单击任务栏空白区，选择“属性”对话框

(D) 鼠标右键单击桌面空白区，选择“属性”对话框

48．在 Windows XP 的“资源管理器”或“我的电脑”窗口中对文件、文件夹进行复制操作，当选择了操作对象之后，应当在编辑菜单的下拉菜单中选择(　)命令项，然后选择复制目的磁盘或文件夹，再选择编辑菜单中的粘贴命令项。

(A) 剪切　　(B) 复制

(C) 粘贴　　(D) 打开

49. 在 Windows XP 中，可以按(　)键弹出“开始”菜单。

(A) Shift+ Esc　　(B) Alt+Esc

(C) Ctrl+Tab　　(D) Ctrl+Esc

50. 在 Windows 系统下，进入 DOS 窗口界面应使用(　)。

(A) 重新启动系统

(B) 用 DOS 系统盘加载

(C) 选择“开始”菜单“程序”中的“MS-DOS 方式”命令

(D) (A)、(B)、(C)都不对

51. 从运行的 MS-DOS 返回到 Windows XP 的方法是(　)。

(A) 按 Alt，并按 Enter 键　　(B) 键入 Quit，并按 Enter 键

(C) 重新启动，进入 Windows XP　　(D) 键入 Exit，并按 Enter 键

52. 在 Windows 中，(　)不是“开始”菜单里的内容。

(A) 文档　　(B) 程序

(C) 网上邻居　　(D) 关闭系统

53. 在 Windows XP 中，利用“开始”菜单中的“文档”子菜单，可以(　)。

(A) 更新文档的打开方式　　(B) 新建一个文档文件

(C) 打开任意已有的文档文件　　(D) 打开最近使用过的文档文件

54. 在 Windows XP 中，利用“开始”菜单中的“程序”子菜单，可以(　)。

(A) 表示开始执行程序　　(B) 表示要开始编写程序

(C) 显示可运行程序的清单　　(D) 显示网络传送来的最新程序清单

55. 在 Windows XP 的“开始”菜单中的运行菜单项里除了启动应用程序外，还有(　)。

(A) 只能用于打开文件夹　　(B) 只能用于打开文档

(C) 不能用于打开文件夹和文档　　(D) 可以用于打开文件夹或文档

56. 在 Windows XP 中，关闭系统的命令位于(　)。

(A) “启动”菜单中　　(B) “退出”菜单中

(C) “关闭”菜单中　　(D) “开始”菜单中

57. 关闭一台运行 Windows XP 的计算机之前应先(　)。

(A) 关闭 Windows XP　　(B) 关闭所有已打开的程序

(C) 断开服务器连接　　(D) 直接关闭电源

58. 想打开一个记不清存放位置的很久以前建立的文档的方法是(　)。

(A) 用“开始”菜单中的“文档”命令打开

(B) 用“我的文档”找到该文档，然后单击它

(C) 用建立该文档的程序打开它

(D) 用“开始”菜单中的“搜索”命令找到该文档，然后双击它

59. Windows XP 任务栏不能设置为(　)。

(A) 自动隐藏　　(B) 时钟显示

(C) 总在最前　　(D) 总在底部

60. 有关“任务栏”的正确说法是(　)。

(A) “任务栏”总出现在桌面的最下边
(B) “任务栏”不一定总出现在桌面的最下边，并且可以隐藏
(C) “任务栏”不能被应用程序窗口遮挡
(D) “任务栏”总出现在桌面的最下边，但可以隐藏

61．在 Windows XP 下，对任务栏的描述错误的是(　)。
(A) 任务栏的位置大小均可改变
(B) 任务栏是不可隐藏的
(C) 任务栏内显示的是已打开文档或已运行程序的标题
(D) 任务栏上可添加图标的快捷方式

62．Windows XP 任务栏上的内容为(　)。
(A) 当前窗口的图标　(B) 已经打开的文件名
(C) 已启动并正在执行的程序名　(D) 所有已打开的窗口的图标

63．在 Windows 中，设置任务栏属性的正确方法是(　)。
(A) 单击“我的电脑”，选择“属性”
(B) 单击桌面空白区，选择“属性”
(C) 右击任务栏空白区，选择“属性”
(D) 右击“开始”按钮

64．在 Windows 中，使用任务栏可以做三类操作，不能完成的操作有(　)。
(A) 切换任务　(B) 启动应用程序
(C) 切换输入法　(D) 显示桌面上的所有窗口

65．Windows 中任务栏上的“En”图标表示(　)。
(A) 任务栏的标识
(B) 某一窗口的提示符
(C) 输入法转换图标，说明当前输入方式为英文
(D) 没有任何作用

66．通过 Windows 系统中的任务栏，可以(　)。
(A) 运行应用程序　(B) 访问系统中的所有资源
(C) 快速进行应用程序间的切换　(D) 结束前台运行的应用程序

67．在 Windows XP 中，用户同时打开的多个窗口，可以层叠式或平铺式排列，要想改变窗口的排列方式，应进行的操作是(　)。
(A) 先打开“我的电脑”窗口，选择“查看”菜单下的“排列图标”项
(B) 先打开“资源管理器”窗口，选择“查看”菜单下的“排列图标”项
(C) 用鼠标右键单击桌面空白处，然后在弹出的快捷菜单中选取要排列的方式
(D) 用鼠标右键单击“任务栏”空白处，然后在弹出的快捷菜单中选取要排列的方式

68．在 Windows XP 系统窗口的右上角有一个“□”按钮，单击该按钮，可实现(　)。
(A) 打开该窗口　(B) 关闭该窗口
(C) 窗口最小化　(D) 窗口最大化

69．在 Windows 系统中，当应用程序窗口最小化以后，再次直接打开的方法是(　)。
(A) 单击应用程序图标　(B) 单击文件菜单的打开命令

(C) 单击桌面的任何地方　　(D) 单击最小化后的图标

70．在一个没有最大化的 Windows XP 窗口中，标题栏右上角的按钮包括(　)。

(A) 复原按钮、最大化按钮、关闭按钮

(B) 最小化按钮、最大化按钮、复原按钮

(C) 最小化按钮、最大化按钮、关闭按钮

(D) 最小化按钮、复原按钮、关闭按钮

71．当一个应用程序窗口被最小化后，该应用程序将(　)。

(A) 被终止执行　　(B) 被暂停执行

(C) 被转入后台执行　　(D) 继续在前台执行

72．单击 Windows XP 窗口标题栏左上角的图标将出现(　)。

(A) 将窗口最大化　　(B) 将窗口最小化

(C) 将窗口关闭　　(D) 一个控制菜单

73．在 Windows XP 环境中，用鼠标左键双击一个窗口左上角的“控制菜单”按钮，可以(　)。

(A) 关闭该窗口　　(B) 放大该窗口

(C) 移动该窗口　　(D) 缩小窗口

74．Windows XP 窗口的控制菜单不包含的操作命令有(　)。

(A) 粘贴　　(B) 最大化

(C) 移动　　(D) 关闭

75．在 Windows XP 中，活动窗口表现为(　)。

(A) 最小化窗口　　(B) 普通窗口

(C) 任务栏上的对应任务按钮往外凸　　(D) 任务栏上的对应任务按钮往里凹

76．如果想在打开的多个窗口之间进行切换，应使用的快捷键是(　)。

(A) Ctrl+Esc　　(B) Ctrl+Tab

(C) Alt+Esc　　(D) Alt +Tab

77．要切换到上次使用的窗口应使用的快捷键为(　)。

(A) Ctrl+Tab　　(B) Ctrl+Esc

(C) Alt+Esc　　(D) Alt+Tab

78．在 Windows XP 中，按 Alt+F4 键可以(　)。

(A) 关闭当前窗口　　(B) 打开一个新窗口

(C) 移动窗口　　(D) 以上答案都不正确

79．要退出一个打开的程序，不正确的做法是(　)。

(A) 将程序窗口关闭

(B) 点击程序的“退出”按钮

(C) 在任务栏的相应程序图标按钮上，右击鼠标后在快捷菜单中选择“关闭”命令

(D) 将程序窗口最小化

80．在 Windows XP 环境中，屏幕上可以同时打开若干个窗口，但是其中只能有一个当前活动窗口，指定当前活动窗口的方法是(　)。

(A) 把其他窗口都关闭，只留下一个窗口，即为当前活动窗口

(B) 把其他窗口都最小化，只留下一个窗口，即为当前活动窗口

(C) 用鼠标在该窗口内任一位置上双击

(D) 用鼠标在该窗口内任一位置上单击

81. 把 Windows XP 的窗口和对话框作比较，窗口可以移动和改变大小，而对话框(　)。

(A) 既不能移动，也不能改变大小　　(B) 既能移动，也能改变大小

(C) 仅可以改变大小，不能移动　　(D) 仅可以移动，不能改变大小

82. 在 Windows XP 对话框中，有些项目在文字说明的左边标有一个小方框，当小方框有“√”符号时表明(　)。

(A) 这是一个单选框，而且未被选中　　(B) 这是一个单选框，而且已被选中

(C) 这是一个复选框，而且未被选中　　(D) 这是一个复选框，而且已被选中

83. 关于对 Windows XP 对话框的描述中，不正确的是(　)。

(A) 对话框可以由用户选中菜单中带有“…”省略号的选项弹出来

(B) 对话框是由系统提供给用户输入信息或选择某项内容的矩形框

(C) 对话框的大小是可以调整改变的

(D) 对话框是可以在屏幕上移动的

84. 在 Windows 系统中，菜单中的命令有一些约定，其中灰色命令是指(　)。

(A) 带有快捷键的命令

(B) 单击该命令会弹出一个对话框

(C) 该命令处于选定中

(D) 该命令在当前状态下暂时不能使用

85. 在 Windows 系统中，下列不属于对话框的组成元素的是(　)。

(A) 标题栏　　(B) 菜单

(C) 输入框　　(D) 按钮

86. 要在 Windows 下拉菜单中选择某命令，下列操作中错误的是(　)。

(A) 用鼠标单击该命令项

(B) 用键盘上四个方向键将高亮度条移至该命令选项后按回车键

(C) 同时按下 Ctrl 键与该命令选项后括号中带有下划线的字母键

(D) 直接按该命令选项后括号中带有下划线的字母键

87. 在 Windows XP 中，对磁盘文件进行有效管理的一个工具是(　)。

(A) 写字板　　(B) 我的电脑

(C) 资源管理器　　(D) IE

88. 在 Windows 资源管理器窗口的右上角，可以同时显示的按钮是(　)。

(A) 最小化、还原和最大化　　(B) 最小化、最大化和关闭

(C) 最小化、还原/最大化和关闭　　(D) 还原、最大化和关闭

89. 在 Windows XP 资源管理器中选定文件后，打开文件属性对话框的操作是(　)。

(A) 单击“编辑”→“属性”　　(B) 单击“文件”→“属性”

(C) 单击“查看”→“属性”　　(D) 单击“工具”→“属性”

90. 在资源管理器中删除文件的方式不包括(　)。

(A) 选定目标，打开快捷菜单，从中选择“删除”

(B) 选定目标，打开“文件”菜单，从中选择“删除”

(C) 选定目标，从文件菜单中选择“删除”按钮

(D) 选定目标，系统将自动删除

91．资源管理器不能进行的操作是(　)。

(A) 打开文档　　(B) 改名(重命名)

(C) 修改系统时间　　(D) 复制(拷贝)

92．在 Windows 资源管理器窗口的左窗格中，文件夹图标前标有“+”时，表示该文件夹(　)。

(A) 含有子文件夹　　(B) 只含有文件

(C) 是空文件夹　　(D) 只含有文件而不含有文件夹

93．Windows XP 资源管理器的左窗口以树状显示计算机中的(　)。

(A) 图标　　(B) 文件夹

(C) 文件　　(D) 各个对象

94．不用鼠标，执行 Windows XP 资源管理器“编辑(E)”下拉菜单中的“复制(C)”命令的方法是(　)。

(A) 按 Alt+E，然后按 C　　(B) 按 Alt+E，然后按 Ctrl+C

(C) Alt+C　　(D) 只按 Alt+E

95．在 Windows XP 中，打开资源管理器的窗口后，要改变文件或文件夹的显示方式，应选择(　)。

(A) “文件”菜单　　(B) “查看”菜单

(C) “编辑”菜单　　(D) “帮助”菜单

96．如果要使资源管理器中显示出文件的名称、类型、大小、创建时间，应进行的设置是(　)。

(A) 单击“查看”菜单选择“详细资料”命令

(B) 单击“查看”菜单选择“状态栏”命令

(C) 单击“查看”菜单选择“列表”命令

(D) 单击“编辑”菜单选择“全部选定”命令

97．在 Windows 资源管理器中，包含创建文件夹命令的菜单是(　)。

(A) “编辑”　　(B) “工具”

(C) “查看”　　(D) “文件”

98．在 Windows 资源管理器窗口的左窗格中一次选中多个不连续的文件时，可以先单击第一个文件，按住(　) 键，再用鼠标选取其余的文件。

(A) Alt　　(B) Ctrl

(C) Shift　　(D) Tab

99．在 Windows XP 资源管理器窗口中，能一次选定多个分散文件或文件夹的操作是(　)。

(A) 按住 Ctrl 键，用鼠标左键逐个选取

(B) 按住 Ctrl 键，用鼠标右键逐个选取

(C) 按住 Shift 键，用鼠标右键逐个选取

(D) 按住 Shift 键，用鼠标左键逐个选取

100. 在 Windows XP 的资源管理器窗口中，在同一硬盘的不同文件夹之间移动文件的操作为(　)。

(A) 选择该文件后用鼠标拖动该文件到目的文件夹

(B) 选择该文件后用鼠标单击目的文件夹

(C) 按下 Ctrl 键并保持，再用鼠标拖动该文件夹到目的文件夹

(D) 按下 Shift 键并保持，再用鼠标拖动该文件到目的文件夹

101. 在 Windows XP 中，按下 Ctrl 键和鼠标左键在同一驱动器的不同文件夹之间拖动某一对象，结果是(　)。

(A) 移动该对象　　(B) 复制该对象

(C) 无任何结果　　(D) 删除该对象

102. 在 Windows 系统中，下列操作中启动应用程序的正确方法是(　)。

(A) 用鼠标单击该应用程序图标

(B) 将应用程序最小化成图标

(C) 用鼠标双击该应用程序图标

(D) 将鼠标指向应用程序图标

103. 在 Windows 中，终止应用程序的正确方法是(　)。

(A) 用鼠标单击应用程序窗口右上角的“关闭”按钮

(B) 将应用程序窗口最小化

(C) 用鼠标双击应用程序窗口右上角的“还原”按钮

(D) 用鼠标双击应用程序窗口中的标题栏

104. 在 Windows 中，为了终止一个应用程序的运行，下列操作中正确的是(　)。

(A) 用鼠标单击控制菜单后选择最小化命令

(B) 用鼠标双击最小化按钮

(C) 用鼠标双击控制菜单

(D) 用鼠标单击控制菜单后选择关闭命令

105. 在 Windows 系统中，“回收站”的作用是(　)。

(A) 回收编制好的应用程序

(B) 回收将要删除的文件或文件夹

(C) 回收用户删除的文件或文件夹

(D) 回收并删除应用程序

106. 在 Windows XP 的“回收站”中(　)。

(A) 存放的只能是软盘上被删除的文件或文件夹

(B) 存放的只能是硬盘上被删除的文件或文件夹

(C) 存放的可以是硬盘或软盘上被删除的文件或文件夹

(D) 存放的是所有外存储器中被删除的文件或文件夹

107. 在 Windows 系统中，有关删除文件不正确的说法是(　)。

(A) 软盘上的文件被删除后不能被恢复

(B) 网络上的文件被删除后不能被恢复

(C) 退到MS-DOS下被删除的文件不能被恢复

(D) 桌面上的文件被拖到“回收站”后不能被恢复

108．在Windows系统中，用“画图”程序制作的图形文件默认文件类型是(　)。

(A) TXT　　(B) BMP

(C) GIF　　(D) DBF

109．在Windows中，文件有四种属性，用户建立的文件一般具有(　)属性。

(A) 隐藏　　(B) 只读

(C) 系统　　(D) 存档

110．文件的(　)属性可以使文件只能读不能写。

(A) 隐藏　　(B) 存档

(C) 只读　　(D) 系统

111．在选定连续的多个文件时，先用鼠标选中第一个文件，按住(　)键的同时，选中最后一个文件。

(A) Esc　　(B) Ctrl

(C) Alt　　(D) Shift

112．当已选定文件夹后，下列操作中不能删除该文件夹的是(　)。

(A) 在键盘上按Del键

(B) 用鼠标在右键单击该文件夹，打开快捷菜单，然后选择“删除”命令

(C) 用鼠标左键双击该文件夹

(D) 在文件菜单中选择“删除”命令

113．在Windows XP中，右击C盘根目录中某文件，在弹出的快捷菜单中选择“发送到”子菜单，不能将该文件发送到(　)。

(A) U盘　　(B) 桌面快捷方式

(C) “我的文档”　　(D) “开始”菜单中

114．在Windows中，在桌面上创建一个文件夹，有步骤：a. 在桌面空白处单击鼠标右键；b. 输入新文件夹名；c. 选择新建文件夹菜单项；d. 按Enter键。正确步骤为(　)。

(A) abc　　(B) bcd

(C) acbd　　(D) abcd

115．下列关于Windows XP文件和文件夹的说法中，正确的是(　)。

(A) 在不同文件夹中可以有同名文件

(B) 在一个文件夹中可以有两个同名文件

(C) 在一个文件夹中可以有两个同名文件夹

(D) 在一个文件夹中可以有一个文件与一个文件夹同名

116．在Windows XP中，下列不能进行文件夹重命名操作的是(　)。

(A) 用资源管理器“文件”下拉菜单中的“重命名”命令

(B) 选择文件后再按F4键

(C) 鼠标右键单击文件，在弹出的快捷菜单中选择“重命名”命令

(D) 选定文件后再单击文件名一次

117．Windows XP支持长文件名，文件名可长达(　)个字符。

(A) 16　　(B) 127

(C) 256　　(D) 1024

118. 在 Windows XP 中，下列关于文件名的说法中，错误的是(　)。

(A) 主名和扩展名之间用小圆点“.”分隔

(B) 数字 0~9 也可以作为文件名的字符使用

(C) 文件名长度不得超过 127 个字符

(D) 文件名首尾的空白字符被忽略

119. 下列合法的 Windows XP 文件名是(　)。

(A) A\C.txt　　(B) 990.doc

(C) C1<b.txt　　(D) L*1.dat

120. 有关文件夹的说法正确的是(　)。

(A) Windows XP 中的文件和文件夹名字最多可设置为 256 个汉字

(B) Windows XP 的文件夹与 DOS 的目录意义完全相同

(C) 快捷方式就是文件夹的不同说法

(D) 文件夹下面可以建立它的子文件夹，也可以存放文件和快捷方式

121. 在 Windows XP 中，打开上次最后一个使用的文档的最直接途径是(　)。

(A) 单击“开始”按钮，然后指向“收藏”

(B) 单击“开始”按钮，然后指向“查找”

(C) 单击“开始”按钮，然后指向“文档”

(D) 单击“开始”按钮，然后指向“程序”

122. 下面是 Windows XP 中有关文件复制(包括改名复制)的叙述，其中错误的是(　)。

(A) 使用“资源管理器”或“我的电脑”中的“编辑”菜单进行文件的复制，需要经过选择、复制和粘贴三个操作

(B) 可以用 Ctrl+鼠标左键拖放的方式实现文件的复制

(C) 不允许将文件复制到同一文件夹下

(D) 可以用鼠标右键拖放的方式实现文件的复制

123. 在 Windows 中，下列创建新文件夹的操作错误的是(　)。

(A) 在“开始”菜单中，用“运行”命令执行 MD 命令

(B) 在 DOS 方式下使用 MD 命令

(C) 在“资源管理器”的“文件”菜单中选择“新建”命令

(D) 用“我的电脑”确定磁盘或上级文件夹，然后选择“文件”菜单“新建”命令

124. 对于 Windows XP，下列说法不正确的是(　)。

(A) 可同时运行多个应用程序

(B) 桌面上可同时容纳多个窗口

(C) 可支持鼠标操作

(D) 在同一个 MS-DOS 方式下可运行多个程序

125. 在 Windows XP 中，下列能更改所选定的文件或文件夹名称的操作是(　)。

(A) 在“编辑”菜单中选择“重命名”命令，然后键入新文件名再按 Enter 键

(B) 按 F2 键，然后键入新文件名再按 Enter 键

(C) 用鼠标左键单击文件或文件夹的名称，然后键入新文件名后按 Enter 键

(D) 用鼠标右键单击文件或文件夹的名称，然后键入新文件名后按 Enter 键

126. 在 Windows XP 中，不能查找文件或文件夹的操作是(　)。

(A) 在“资源管理器”窗口中选择“搜索”命令

(B) 用鼠标右键单击“我的电脑”图标，在弹出的菜单中选择“搜索”命令

(C) 用鼠标右键单击“开始”按钮，在弹出的菜单中选择“搜索”命令

(D) 用“开始”菜单中的“搜索”命令

127. 在 Windows 中，在选定文件夹后，不能删除文件夹的操作是(　)。

(A) 用鼠标右键单击该文件夹，打开快捷菜单，然后选择“删除”命令

(B) 用鼠标左键双击该文件夹

(C) 在“文件”菜单中选择“删除”命令

(D) 在键盘上按 Del 键

128. 在 Windows XP 中，查看磁盘驱动器上文件夹的层次结构，应选取的对象是(　)。

(A) Windows 资源管理器　　(B) 任务栏

(C) 网上邻居　　(D) “开始”菜单中的“查找”命令

129. 在 Windows XP 中，下列更改文件名的方法中，错误的是(　)。

(A) 使用“文件”菜单中的“重命名”命令

(B) 选定文件图标后，双击文件名

(C) 选定文件图标后，单击文件名

(D) 选定文件图标后，按 F2 键

130. 在 Windows 中，“画图”程序可以实现(　)。

(A) 编辑文档　　(B) 制作动画

(C) 编辑超文本文件　　(D) 查看和编辑图片

131. 在 Windows 中，“写字板”是一种(　)。

(A) 造字程序　　(B) 画图工具

(C) 网页编辑器　　(D) 字处理软件

132. 在 Windows 中，有关写字板的论述中，不正确的是(　)。

(A) 可以保存为纯文本文件　　(B) 可以保存为 Word 文件

(C) 无法插入图片　　(D) 不能制作表格

133. 在 Windows 中，“写字板”和“记事本”所编辑的文档(　)。

(A) 只有写字板可通过剪切、复制和粘贴与其他 Windows 应用程序交换信息

(B) 只有记事本可通过剪切、复制和粘贴与其他 Windows 应用程序交换信息

(C) 均可通过剪切、复制和粘贴与其他 Windows 应用程序交换信息

(D) 两者均不能与其他 Windows 应用程序交换信息

134. 在 Windows XP 中，有关“记事本”的论述中，不正确的是(　)。

(A) “记事本”只能编辑不带格式的文档

(B) “记事本”是一个基本的文本编辑器

(C) “记事本”编辑的文件不能打印输出

(D) 可以对“记事本”编辑的文件进行页面设置

135. 在 Windows 中，.TXT 和.DOC 分别是记事本和 Word 所编辑文件的缺省扩展名，下面( )是错误的。

(A) 用记事本只能正确地读 .TXT 文件

(B) 用记事本可正确地读出这两种类型的文件

(C) 用 Word 可正确地读出这两种类型的文件

(D) Word 中可以用 .TXT 类型保存文件

136. Windows XP 自带的只能处理纯文本的文字编辑工具是( )。

(A) 写字板 (B) 剪贴板

(C) 记事本 (D) Word

137. 关于记事本的叙述，下列说法不正确的是( )。

(A) 记事本可以被用来创建一些格式普通、长度较短的文档

(B) 记事本不能提供编辑技巧和声音效果

(C) 记事本能进行字符和段落格式化，并且可同时处理多个文件

(D) 记事本运行速度快，适合于处理简易文本

138. 在 Windows 系统中，剪贴板是指( )。

(A) 硬盘上的一块区域 (B) U 盘上的一块区域

(C) 高速缓冲区中的一块区域 (D) 内存上的一块区域

139. 在某一个文档窗口中进行了多次剪贴操作，当关闭该窗口后，剪贴板中的内容为( )。

(A) 第一次剪贴的内容 (B) 所有剪贴的内容

(C) 最后一次剪贴的内容 (D) 空白

140. 关于剪贴板中的信息，说法错误的是( )。

(A) 可以多次粘贴 (B) 会被新的复制信息覆盖

(C) 关机后即丢失 (D) 只能粘贴一次

141. 在 Windows 系统中，“剪切”操作是指( )。

(A) 将所选择的对象放置到剪贴板上但不删除

(B) 删除所选择的对象并将其放置到剪贴板上

(C) 不删除选择的对象，只把它放置到剪贴板上

(D) 等同于“撤消”操作

142. 在 Windows 系统中，要将当前窗口的全部屏幕拷贝到剪贴板，应按( )。

(A) Ctrl+Alt+Del 键 (B) Alt +Print Screen 键

(C) Ctrl+Print Screen 键 (D) Shift+Print Screen 键

143. 在 Windows 操作中，经常用到剪切、复制和粘贴功能，其中粘贴功能的快捷键为( )。

(A) Ctrl+C (B) Ctrl+S

(C) Ctrl+V (D) Ctrl +X

144. ( )可以实现 Windows XP 应用程序之间的信息共享。

(A) 文件 (B) 剪贴板

(C) 资源管理器 (D) 快捷方式

145. 在 Windows 系统中，下面选项中(　)不是控制面板中的项目。

(A) 删除/添加程序　　(B) 程序

(C) 打印机　　(D) 日期/时间

146. 在初始安装 Windows 时，如果没有把组件一次安装全，以后如用到这些组件，则下列说法正确的是(　)。

(A) 可以通过控制面板的“添加/删除程序”来安装

(B) 只能补充部分组件的安装

(C) 必须重装 Windows

(D) 只能靠系统自动识别某些硬件来安装

147. 在 Windows XP 中，安装一个应用程序的方法是(　)。

(A) 用鼠标单击系统菜单中的程序项

(B) 把应用程序从软盘或 CD-ROM 光盘上直接复制到硬盘上

(C) 在控制面板窗口中用鼠标双击“添加删除应用程序”图标

(D) 在控制面板窗口中用鼠标单击“添加删除应用程序”图标

148. 删除安装在 Windows 中的应用软件的方法是(　)。

(A) 删除该应用软件的“EXE”类型的文件

(B) 删除该应用软件的文件夹

(C) 利用控制面板中的“添加/删除程序”对话框

(D) 将桌面上的快捷图标拖动到“回收站”中

149. 在 Windows 系统中关于添加打印机的描述，正确的是(　)。

(A) 在同一操作系统中只能安装一台打印机

(B) 可以安装多台打印机，但同一时间只有一台打印机是缺省的

(C) Windows 不能安装网络打印机

(D) (A)、(B)、(C)的描述都不正确

150. 在 Windows XP 中，下列关于添加硬件的叙述正确的是(　)。

(A) 添加非即插即用硬件必须使用“控制面板”

(B) 添加即插即用硬件必须打开“控制面板”

(C) 添加任何硬件均应打开“控制面板”

(D) 添加任何硬件均不应使用“控制面板”

第3章　多媒体技术基础

1．媒体是指(　)。

(A) 表示和传播信息的载体　　(B) 各种信息的编码

(C) 计算机输入与输出的信息　　(D) 计算机屏幕显示的信息

2．多媒体个人计算机的英文缩写是(　)。

(A) VCD　　(B) APC　　(C) DVD　　(D) MPC

3．下列配置中，(　)是多媒体计算机必不可少的部件。

(1) CD-ROM 驱动器

(2) 高质量的音频卡

(3) 高质量的视频采集卡

(4) 高分辨率的图形、图像显示卡

(A) (1)　　(B) (1) (2)

(C) (1) (2) (3)　　(D) 全部

4．多媒体计算机处理器的英文名称缩写是(　)。

(A) CPU　　(B) PC

(C) MPU　　(D) MPC

5．只读光盘 CD-ROM 的存储容量一般为(　)。

(A) 1.44 MB　　(B) 512 MB

(C) 4.7 GB　　(D) 650 MB

6．计算机中显示器成像显示是根据(　)三色原理生成的。

(A) RVG(红黄绿)　　(B) WRG(白红绿)

(C) RGB(红绿蓝)　　(D) CMY(青品红黄)

7．以下(　)不是常用的声音文件格式。

(A) JPEG 文件　　(B) WAV 文件

(C) MIDI 文件　　(D) VOC 文件

8．下列属于音频文件扩展名的是(　)。

(A) WAV　　(B) MID　　(C) MP3　　(D) 以上都是

9．Windows 系统自带的媒体播放软件是(　)。

(A) 画图版　　(B) 写字板

(C) Media Player　　(D) 录音机

10．Windows 系统自带的音频编辑软件是(　)。

(A) Media Player　　(B) 录音机

(C) 音量控制器　　(D) Audio Editor

11．人耳听到的不同声音的频率范围是(　)。

(A) 20 Hz　(B) 20 kHz　(C) 20 Hz~20 kHz　(D) 200 kHz

12．我国电视系统采用的制式是(　)。

(A) NTSC　(B) PAL　(C) SECAM　(D) 以上都是

13．下列属于图像处理软件的是(　)。

(A) PhotoShop　(B) 3DS Max　(C) AUTO CAD　(D) Premiere

14．下列属于平面动画制作软件的是(　)。

(A) 3DS Max　(B) Flash　(C) PhotoShop　(D) Premiere

15．下列属于三维动画制作软件的是(　)。

(A) Premiere　(B) 3DS Max　(C) PhotoShop　(D) Flash

16．在相同的条件下，位图文件所占的空间比矢量图文件(　)。

(A) 大　(B) 小　(C) 相同　(D) 不能够确定

17．下列属于看图的工具软件是(　)。

(A) Word　(B) ACDsee　(C) WPS　(D) 3DS Max

18．下列属于图形处理的软件是(　)。

(A) CorelDraw　(B) 3DS Max　(C) ACDsee　(D) Premiere

19．下列属于视频处理的软件是(　)。

(A) ACDsee　(B) PhotoShop　(C) Premiere　(D) 录音机

20．多媒体作品与视频作品的主要区别在于(　)。

(A) 继承性　(B) 集成性　(C) 交互性　(D) 多样性

21．多媒体素材占用的磁盘空间较大，因此必须采用压缩技术，压缩方法有(　)。

(A) 有损压缩　(B) 无损压缩

(C) 不需要压缩　(D) 有损压缩和无损压缩

22．模拟信号的多媒体素材转换为数字信号的多媒体素材必须进行(　)。

(A) 压缩　(B) 转换

(C) 数字化处理　(D) 保存

23. 对音频数字化来说，在相同条件下，立体声比单声道占的空间大，分辨率越高则占的空间越大，采样频率越高则占的空间(　)。

(A) 越大　(B) 越小　(C) 不变　(D) 相同

24．黑白电视机能接收彩色电视信号，显示的是黑白图像；彩色电视机能接收黑白电视信号，显示的也是黑白图像，这种现象叫做(　)。

(A) 通用　(B) 兼容　(C) 合并　(D) 混合

25．以下属于多媒体发展方向的是(　)。

(A) 应用范围广　(B) 技术复杂

(C) 产品多样　(D) 多学科交汇

26．文件压缩后必须进行解压处理，下列属于压缩软件的是(　)。

(A) PhotoShop　(B) WinZIP

(C) QQ　(D) MSN

27．WinZIP 的作用是(　)。

(A) 对文件压缩

(B) 编辑文件
(C) 既可对文件压缩，又可对压缩文件解压
(D) 对文件解压

28．WinRAR 是一个(　)软件。
(A) 媒体播放　　(B) 压缩、解压缩
(C) 压缩　　(D) 解压

29．WinRAR 的作用是(　)。
(A) 对文件压缩
(B) 对文件解压
(C) 既可对文件压缩，又可对压缩文件解压
(D) 编辑文件

30．多媒体素材一般占用的空间较大，因此必须进行(　)。
(A) 压缩处理　　(B) 编辑处理
(C) 整理处理　　(D) 解压处理

31．对多媒体文件进行压缩、解压缩后，能得到较好还原效果的压缩方式是(　)。
(A) 无损压缩　　(B) 有损压缩
(C) 有损压缩、无损压缩　　(D) 以上皆可

32．多媒体将文字、声音、图形图像、动画、视频等媒体有机地集成到一起，下列属于多媒体集成工具软件的是(　)。
(A) PhotoShop　　(B) CorelDraw
(C) Authorware　　(D) ACDsee

33．CD-ROM 是多媒体计算机常用的设备，常见 CD-ROM 的倍速是(　)。
(A) 8X　　(B) 16X　　(C) 32　　(D) 52X

34．将数据刻录到光盘上除了光驱要具有刻录功能外，还必须使用刻录软件，下列可以用来刻录光盘的工具软件是(　)。
(A) CD-RW　　(B) CD-ROM　　(C) DVD-R　　(D) Nero

35．CD-ROM 是多媒体计算机常用的设备，衡量 CD-ROM 数据传输速度的一个重要指标是倍速，那么单倍数指的是每秒传输(　)。
(A) 150 B　　(B) 150 KB　　(C) 150 MB　　(D) 150 GB

第4章　计算机网络与Internet

4.1　选　择　题

1．下列属于网络的功能的是(　)。

(A) 资源共享　　(B) 节省时间

(C) 操作简单　　(D) 可靠性高

2．Internet属于(　)。

(A) 局域网　　(B) 广域网

(C) 企业网　　(D) 内部网

3. 网址中的http指的是(　)。

(A) 超文本传输协议　　(B) 文件传输协议

(C) 计算机主机域名　　(D) TCP/IP协议的简称

4．使用拨号上网的用户必须使用(　)。

(A) 调制解调器　　(B) Internet Explorer

(C) 软驱　　(D) CD-ROM

5．计算机网络的最大特点是(　)。

(A) 精度高　　(B) 资源共享

(C) 运算速度快　　(D) 存储容量大

6．互联网引进了超文本的概念，超文本是指(　)。

(A) 包含多种文本　　(B) 包含图像的文本

(C) 包含多种颜色的文本　　(D) 包含超链接的文本

7．关于进入网站，下列说法正确的是(　)。

(A) 只能输入IP　　(B) 须同时输入IP和域名

(C) 只能输入域名　　(D) 可以输入IP也可以输入域名

8．计算机接入互联网不可缺少的组件是(　)。

(A) 网卡　　(B) 声卡

(C) 视频卡　　(D) 多媒体卡

9．浏览网页必须使用浏览器，下列可以浏览网页的软件是(　)。

(A) Internet Explorer　　(B) Photoshop

(C) 3DS Max　　(D) Outlook

10．在发送邮件时，如果对方没有开机接收，则邮件会(　)。

(A) 开机时再发送　　(B) 丢失

(C) 退给发件人　　(D) 保存在网站的服务器上

11. 家庭用户可以通过( )接入互联网。

(A) 电话拨号　(B) 局域网络

(C) Internet Explorer　(D) Outlook

12. 局域网内的计算机可以通过( )接入互联网。

(A) 电话　(B) 代理服务器

(C) Internet Explorer　(D) Outlook

13. 在互联网中，IP 的作用是( )。

(A) 上网　(B) 标识计算机

(C) 网址　(D) 传输文件

14. 使用( )软件可以聊天，同时可以传输文件。

(A) QQ　(B) Internet Explorer

(C) Access　(D) Word

15. IP 电话的全称是( )。

(A) Internet Protocal　(B) Internet Phone

(C) Internet Web　(D) Internet Post

16. Outlook 的作用是( )。

(A) 上网　(B) 聊天

(C) 管理电子邮件　(D) 浏览器

17. ADSL 上网属于( )。

(A) 电话拨号　(B) 局域网上网

(C) 光纤　(D) 无线上网

18. ADSL 上网的下载速度最高可以达到每秒( )。

(A) 2 Mb　(B) 4 Mb

(C) 6 Mb　(D) 8 Mb

19. ADSL 上网的上传速度可以达到每秒( )。

(A) 1 Mb　(B) 2 Mb

(C) 3 Mb　(D) 4 Mb

20. 家庭宽带上网理想的选择是( )。

(A) 电话拨号　(B) ADSL

(C) 光纤　(D) 无线上网

21. 网络中各种设备之间按照一定的形式连接起来叫做( )。

(A) 拓扑结构　(B) 网络连接

(C) 电脑连接　(D) 以上都不是

22. 计算机网络按照覆盖范围的不同，可以分为( )。

(A) 广域网、局域网、城域网　(B) 个人网、城域网、互联网

(C) 互联网、家庭网、城域网　(D) 局域网、城域网、互联网

23. Wide Area Network 代表的是广域网，简写为( )。

(A) WOA　(B) WAN

(C) LAN　(D) NAW

24. Internet 中采用的网络协议是(　)。

(A) TCP/IP　　(B) NETBEUI

(C) IPX/PXE　　(D) 以上都是

25. 下列(　)设备不是组成网络的必须设备。

(A) 计算机系统　　(B) 网络适配器

(C) 传输介质　　(D) 数字摄像机

26. Internet 是一个(　)。

(A) 单一网络　　(B) 国际性组织

(C) 电脑软件　　(D) 网络的集合

27. 域名服务器上存放着 Internet 主机的(　)。

(A) 域名　　(B) IP 地址

(C) 电子邮件地址　　(D) 域名和 IP 地址的对照表

28. TCP/IP 是(　)。

(A) 一组通信协议　　(B) 计算机网络

(C) Intenet 服务商　　(D) 文字编辑软件

29. 在 Internet 上，IP 地址是一组(　)位二进制组成的数字。

(A) 8 位　　(B) 16

(C) 32　　(D) 64

30. 每个申请 Internet 的国家都可以作为顶级域，并向 NIC 注册使用，中国的顶级域名是(　)。

(A) .CN　　(B) .US

(C) .UN　　(D) .JP

31. 在 Internet 上，每台主机至少都有一个 IP 地址，而且这个地址(　)。

(A) 必须是全网统一的　　(B) 不必是全网统一的

(C) 可以与其他主机的 IP 地址相同　　(D) 是方便记忆的

32. 进入网页浏览器，只要双击(　)图标即可。

(A) 网上邻居　　(B) 网络连接

(C) Internet　　(D) Internet Explorer

33. 收藏夹中记录的是(　)。

(A) 网页的内容　　(B) 上网的时间

(C) 网页的代码　　(D) 网页的地址

34. 电子邮件与传统邮件相比最大的优点是(　)。

(A) 价格低　　(B) 距离远

(C) 速度快　　(D) 传输量大

35. 在 Internet 中，代表电子邮件服务的英文单词是(　)。

(A) Telnet　　(B) E-mail

(C) LNET　　(D) USENET

36. 下列邮箱地址格式正确的是(　)。

(A) ABC163.COM　　(B) 163.COM@ABC

(C) CN.SH.ONLINE.ABC　　(D) ABC@163.COM

37. 下列(　)软件可以在 Internet 实现“即时通讯”。

(A) HTTP　　(B) QQ

(C) BBS　　(D) Telnet

38. 下列(　)软件可以在 Internet 实现“即时通讯”。

(A) Telnet　　(B) LNET

(C) MSN　　(D) USENET

39. 下列可以在 Internet 实现“即时文件传送”的软件是(　)。

(A) MSN　　(B) IP 电话

(C) 3DS MAX　　(D) WinRAR

40. 在 Internet 上传输的文件很多情况下为压缩软件，下列具有压缩功能的软件是(　)。

(A) QQ　　(B) MSN

(C) UC　　(D) WinRAR

4.2 网络基础知识

4.2.1 第 1 题

配置静态 TCP/IP 参数。

(1) 打开本地连接属性，在您的计算机上配置静态的 IP 地址(210.27.44.29)和子网掩码(255.255.255.0)。

(2) 配置网关地址：210.27.44.254。

(3) 配置 DNS 服务器的地址：202.117.96.5 和 202.117.96.10。

(4) 重新启动计算机，并查看配置的 TCP/IP 参数。

4.2.2 第 2 题

配置动态 TCP/IP 参数。如果 ISP 给您提供了动态 TCP/IP 协议参数，在您的计算机上就可以动态获得 TCP/IP 参数。

(1) 打开本地连接属性，配置自动获得 IP 地址、子网掩码、默认网关。

(2) 配置自动获得 DNS 服务器的地址。

(3) 重新启动计算机，并查看配置的 TCP/IP 参数。

(4) 验证 TCP/IP 参数配置的正确性。

4.2.3 第 3 题

建立一个拨号连接。建立一个与 163 的拨号连接，并配置 TCP/IP 参数。

(1) 添加 TCP/IP 协议。

(2) 在拨号网络中，建立“163 新连接”，入网电话号码为 163，用户名为 163，密码为 163。

(3) 对 163 新连接进行以下设置：

IP：192.168.10.100。

子网掩码：255.255.255.0。

DNS：211.92.184.29。

网关：192.168.10.1。

4.2.4 第 4 题

资源共享设置。将本机的资源共享给局域网的其他计算机的用户访问。

(1) 将你的计算机的 D 盘上的文件夹“软件工具”共享。

(2) 设置共享的访问权限为“只读”。

(3) 从局域网的其他计算机上复制“软件工具”文件夹内的文件到本地计算机的 E 盘上。

4.2.5 第 5 题

查找局域网中的一台“计算机”。

(1) 通过“搜索”选项查找局域网内的“rouse”计算机。

(2) 将“rouse”计算机的共享资源“ teacher”复制到本地计算机的“D:\资料”文件夹。

(3) 将“rouse”共享资源映射到本地计算机的“F” 盘。

4.2.6 第 6 题

网络常用命令的使用。测试本地计算机能否与局域网的其他计算机相互通信。

(1) 在局域网络中有一台计算机的 IP 地址为“202.117.56.32”,请验证本地计算机能否与这台计算机正常通信。

(2) 与您相连的网关地址为“202.117.56.254”，验证本地计算机能否与网关正常通信。

(3) 显示本地计算机配置的 IP 地址、子网掩码、网关地址。

4.2.7 第 7 题

添加“网络打印机”。在本地计算机上添加一个“共享打印机”。

(1) 在安装有打印机设备的计算机上将“打印机”共享。

(2) 在您的本地计算机上添加一个网络“打印机”。

(3) 打印 D 盘上的“资料”文件夹的“计算机基础.doc”文件。

4.2.8 第 8 题

共享本机的光盘驱动器。

(1) 将本地计算机的光盘驱动器共享。

(2) 在光盘驱动器中放一个光盘，并从局域网内的其他计算机上访问光盘。

(3) 将光盘的文件映射到本地计算机的 D 盘上。

4.2.9 第 9 题

建立用户账号。

(1) 在本地计算机上建立一个用户账号“students”。

(2) 注销当前用户，以“students”账号登录计算机。

(3) 在桌面上添加“网络邻居”和“资源管理器”的快捷方式。

4.2.10 第 10 题

通过网络邻居访问共享资源。

(1) 从网络邻居访问名为“system”的计算机。

(2) 在“system”计算机的共享资源“资料”文件夹下再创建一个“资料 1”文件夹。

(3) 将本地计算机 D 盘的“工具”文件夹中的文件复制到“资料 1”文件夹中。

4.3 IE 信息的浏览与搜索

4.3.1 第 1 题

收藏网址，设置历史保留的天数。

(1) 打开 Internet Explorer 浏览器，登陆“http://www.sohu.com.cn”网站主页。

(2) 打开 IE 浏览器的“工具”菜单，选择“Internet 选项”命令，在“常规”选项卡中，将主页地址设置为 www.sohu.com.cn；删除“Internet 临时文件”；将浏览器中设置“网页在历史记录中的天数”为 3 天。

(3) 将网址添加到收藏夹中，将网页名称改为“搜狐”。

4.3.2 第 2 题

查看历史记录。

(1) 打开 Internet Explorer 浏览器，登陆“http://www.163.com”网站主页。

(2) 打开 IE 浏览器的“工具”菜单，选择“Internet 选项”命令，在“常规”选项卡中，将主页地址设置为 www.cctv.com.cn；删除“Internet 临时文件”；将浏览器中设置“网页在历史记录中的天数”为 0。

(3) 按照日期查看历史记录，查看今天浏览过的网页。

4.3.3 第 3 题

下载信息。

(1) 访问“新浪”主页，将“新浪”网页设置为“主页”。

(2) 把从“新浪”主页中看到的一段新闻以 TXT 文本形式保持到磁盘上。

(3) 将“新浪”主页的背景图片下载并保存在磁盘上。

4.3.4 第 4 题

收藏网址。

(1) 打开 Internet Explorer 浏览器，登陆“http://www.cctv.com.cn”网站主页。

(2) 在收藏夹中新建一个文件夹“中央电视台”。

(3) 将网址收藏到“中央电视台”文件夹中。

4.3.5 第5题

下载网页。

(1) 打开 Internet Explorer 浏览器，登陆“http://www.sohu.com.cn”网站主页。

(2) 删除“Internet 临时文件”；将浏览器中设置“网页在历史记录中的天数”为 3 天。

(3) 将当前主页内容以“网页”形式保存到“考生考号”文件夹中，文件名为“搜狐首页”。

4.3.6 第6题

下载音乐。

(1) 打开 Internet Explorer 浏览器，进入 www.google.com 网站。

(2) 在搜索文本框中输入“中华人民共和国国歌”关键字进行搜索。

(3) 找到相关链接后先进行试听，然后下载歌曲，并保存到本地计算机“音乐”文件夹中。

4.3.7 第7题

邮箱申请。

(1) 打开 Internet Explorer 浏览器，登陆“http://www.163.com”网站主页。

(2) 进入邮箱申请界面，填写有关个人资料，进行个人邮箱申请，用户名为“Student”，口令自行设置。

(3) 以申请的用户名进入邮箱；查看邮箱中的邮件，将查看过的邮件删除；在邮箱中建立一个文件夹，名称为“同学信件”。

4.3.8 第8题

搜索信息。

(1) 打开百度主页。

(2) 搜索清华大学的招生信息。

(3) 复制清华大学招生信息，并以 DOC 文件的类型保存在 D 盘上。

4.3.9 第9题

利用“google”搜索信息。

(1) 打开“http://www.google.com”网页。

(2) 搜索“陕西的旅游资源”及“兵马俑”的介绍。

(3) 将兵马俑的旅游介绍下载，并保存在 D 盘的“旅游”文件夹下。

4.3.10 第10题

发送一封带附件的邮件。

(1) 打开网易主页，以申请的“Student”用户登录邮箱。

(2) 新建邮件。邮件标题为“华山风景照片”，正文内容如下：

张华：您好！

给您发去暑假去华山的照片1张，请查收。

赵丹

(3) 在邮件的附件中添加“D：\照片”文件夹中的“华山照片”文件。

(4) 将信件保存在“已发送”文件夹。

第 5 章　Word 2003

5.1　选　择　题

1．打开文件的方式是(　)。

(A) 使用 Ctrl+O 组合键

(B) 找到要打开的文件图标，并双击该图标

(C) 单击菜单栏中的“文件”，并在下拉菜单中选择“打开”命令

(D) 以上说法都对

2．Word 2003 在正常启动之后，会自动打开一个文件主名为(　)的文档。

(A) 1.DOC　　(B) 文档 1

(C) DOC.DOC　　(D) 1.TXT

3．Word 文档的扩展名是(　)。

(A) .TXT　　(B) .EXE

(C) .DOC　　(D) .BMP

4．打开一个 Word 文档通常是指(　)。

(A) 为指定文体开设一个空的文档窗口

(B) 把文档的内容从内存中读入，并显示出来

(C) 显示并打印出指定文档的内容

(D) 把文档的内容从磁盘调入内存，并显示出来

5．要创建一个主名为 xzx 的 Word 文档，用(　)操作可以实现。

(A) 用“文件”菜单中的打开命令，在“打开”文件对话框中输入文件名

(B) 利用“插入”菜单中的“文件”命令，输入文件名

(C) 用“文件”菜单中的“新建”命令或使用常用工具栏的“新建”按钮，创建一个空文档，编辑完后保存，在弹出的“另存为”对话框中输入文件名

(D) 利用“窗口”菜单中的“新建窗口”命令

6．当同时打开多个 Word 文档时，处于活动的文档窗口只有(　)。

(A) 1 个　　(B) 2 个

(C) 3 个　　(D) 多个

7．以下说法正确的是(　)。

(A) 在 Word 中新建文档会替代原来的窗口

(B) 每次选择“保存”命令都会打开“另存为”对话框

(C) 使用 Alt+F4 组合键可以关闭 Word 窗口

(D) 以上都不对

8．在不同的 Word 2003 文档之间切换，可以使用的方法是(　)。

(A) 使用 Alt+Tab 组合键　　(B) 单击不同的文档窗口
(C) 单击 Windows 任务栏上的按钮　　(D) 以上都可以

9．保存文档的快捷组合键是(　)。
(A) Alt+S　　(B) Ctrl+S
(C) Shift+S　　(D) 以上都不是

10．关闭 Word 编辑的文档时，是要将文档从屏幕上清除，同时也从(　)中清除。
(A) 磁盘　　(B) 外存
(C) 内存　　(D) CPU

11．在 Word 中，文本被剪切后，暂时保存在(　)。
(A) 临时文档　　(B) 新建文档
(C) 内存　　(D) 剪贴板

12．下列操作中，(　)不能将选中的文本进行剪切。
(A) 单击“编辑”菜单的“剪切”命令
(B) 单击工具栏上的“剪切”按钮
(C) 选中文本后，单击右键，再选择“剪切”命令
(D) 选中文本后，单击左键，再选择“剪切”按钮

13．“编辑”菜单中的“复制”命令的功能是将选定的文本或图形(　)。
(A) 复制到文件的插入点位置　　(B) 由剪贴板复制到插入点
(C) 复制到剪贴板　　(D) 复制到另一个文件的插入点位置

14．在 Word 的编辑状态下，按 Ctrl+V 快捷键后，(　)。
(A) 将剪贴板中的内容移到当前插入点处
(B) 将剪贴板中的内容拷贝到当前插入点处
(C) 将被选中的内容复制到剪贴板上
(D) 将被选中的内容移到剪贴板上

15．当 Word“编辑”菜单中的“剪切”和“复制”命令呈浅灰色时，则表示(　)。
(A) 选定的内容是页眉或页脚
(B) 选定的文档内容太长，剪贴板放不下
(C) 在文档中没有选定任何信息
(D) 剪贴板里已经有信息了

16．在 Word 编辑中，将插入点光标定位在待选句子任意处，然后按住(　)键后，单击鼠标左键，可以选中该句子。
(A) Alt　　(B) Ctrl
(C) Shift　　(D) Tab

17．垂直选定文本的方式是(　)。
(A) 按 Shift 键，拖动鼠标选定文本　　(B) 按 Alt 键，拖动鼠标选定文本
(C) 直接拖动鼠标选定文本　　(D) 按鼠标右键，并拖动选定文本

18．在 Word 文档编辑中，组合键 Shift+Ctrl+Home 的作用是(　)。
(A) 选定光标当前位置至行首的所有内容
(B) 选定光标当前位置至上一页的所有内容

(C) 选定光标当前位置至文档开始处的所有内容

(D) 选定整个文档

19．在 Word 中，要选定全文，可用的快捷键为(　)。

(A) Ctrl+S　　(B) Ctrl+V

(C) Ctrl+A　　(D) Ctrl+C

20．在 Word 文档编辑中，按(　)键删除插入点左边的字符。

(A) Del　　(B) BackSpace

(C) Ctrl+Del　　(D) Alt+Del

21．执行“编辑”菜单中的(　)命令，可恢复刚删除的文本。

(A) 清除　　(B) 撤消

(C) 复制　　(D) 粘贴

22．在 Word 文档编辑中，可使用(　)菜单中的“段落”命令来设置行间距和段落间距。

(A) 编辑　　(B) 插入

(C) 格式　　(D) 工具

23．Word 具有分栏功能，下列关于分栏的说法中正确的是(　)。

(A) 最多可以分 4 栏　　(B) 各栏的宽度可以不同

(C) 各栏的宽度必须相同　　(D) 各栏之间的间距是固定的

24．在 Word 文档中插入图形，下列方法(　)是不正确的。

(A) 直接利用绘图工具绘制图形

(B) 利用剪贴板将其他应用程序中的图形粘贴到所需文档中

(C) 选择“插入”菜单中的“图片”命令，再选择某个图形文件名

(D) 选择“文件”菜单中的“打开”命令，再选择某个图形文件名

25．在 Word 文档编辑中，对所插入的图片不能进行的操作是(　)。

(A) 放大或缩小　　(B) 修改其中的图形

(C) 从矩形边缘裁剪　　(D) 移动其在文档中的位置

26．Word 文档中插入的图片，编辑时(　)。

(A) 可以裁剪，也可以缩放　　(B) 只能裁剪，不能缩放

(C) 只能缩放，不能裁剪　　(D) 根据图形的类型而言

27．下列关于文档分页的叙述，错误的是(　)。

(A) 分页符标志着前一页的结束，一个新页的开始

(B) Word 文档可以自动分页，也可人工分页

(C) 将插入点置于硬分页符上，按 Del 键便可将其删除

(D) 分页符也能打印出来

28．在 Word 文档编辑中，可使用(　)菜单中的“分隔符”命令，在文档中指定位置强行分页。

(A) 编辑　　(B) 插入

(C) 格式　　(D) 工具

29．在 Word 窗口下，可使用(　)菜单中的“文件”命令，实现两个文件的合并。

(A) 编辑　　(B) 视图

(C) 工具　　　　　　　　　　(D) 插入

30. 在 Word 编辑中，可使用(　)菜单中的“页眉和页脚”命令建立页眉和页脚。

(A) 编辑　　　　　　　　　　(B) 插入

(C) 文件　　　　　　　　　　(D) 视图

31. 在 Word 中，使用(　)菜单中的“插入表格”命令可在文档中建立一张空表。

(A) 编辑　　　　　　　　　　(B) 插入

(C) 格式　　　　　　　　　　(D) 表格

32. 关于表格中单元格的拆分，下列说法正确的是(　)。

(A) 一个单元格只可以拆成两个单元格

(B) 一个单元格只可以拆成三个单元格

(C) 一个单元格可以拆分成多个

(D) 单元格不可以拆分

33. 表格插入后，单元格的高度和宽度(　)。

(A) 都可以改变　　　　　　　　(B) 前者可以改变

(C) 后者可以改变　　　　　　　(D) 固定不变

34. 在 Word 中，将表格中的虚线变为实线的方法是使用(　)菜单中的“边框和底纹”命令。

(A) 表格　　　　　　　　　　(B) 工具

(C) 格式　　　　　　　　　　(D) 编辑

35. 选定表格的某一列，再从“编辑”菜单中选择清除命令，将(　)。

(A) 删除该列

(B) 删除该列里的内容

(C) 删除该列中第一个单元格的内容

(D) 没有变化

36. 下列不属于字符格式设置的操作是(　)。

(A) 设置字体为斜体　　　　　　(B) 设置字体为宋体

(C) 设置下划线　　　　　　　　(D) 插入文件

37. 关于 Word 2003 中的段落对齐方式，下列说法正确的是(　)。

(A) 对齐方式只有两种

(B) 对齐方式包括左对齐、右对齐、两端对齐、居中四种对齐方式

(C) 对齐方式包括左对齐、右对齐、两端对齐、分散对齐和居中五种对齐方式

(D) 对齐方式只有三种

38. 下列关于 Word 的说法不正确的是(　)。

(A) Word 能处理文字　　　　　　(B) Word 文档中能插入表格

(C) Word 文档中不能插入图形　　(D) Word 文档中能插入链接

39. Word 文档中，每个段落都有自己的段落标记，段落标记的位置在(　)。

(A) 段落的首部　　　　　　　　(B) 段落的中间位置

(C) 段落的结尾处　　　　　　　(D) 段落中，但用户找不到的位置

40. 在 Word 中，单击工具栏上的(　)按钮，可将选定的文档内容置于页面的正中间。

(A) 两端对齐　　(B) 右对齐
(C) 左对齐　　(D) 居中

41．在 Word 中，工具栏、标尺、段落标记的显示与隐藏切换是通过(　)菜单完成的。
(A) 格式　　(B) 工具
(C) 编辑　　(D) 视图

42．水平标尺出现在 Word 文档工作区的(　)。
(A) 左侧　　(B) 底部
(C) 右侧　　(D) 顶部

43．在 Word 中，垂直方向的标尺只在(　)中显示。
(A) 大纲视图　　(B) 普通视图
(C) 页面视图　　(D) Web 版式视图

44．在 Word 编辑状态下，利用(　)可快速、直接调整文档的左右边界。
(A) 标尺　　(B) 工具栏
(C) 菜单　　(D) 格式栏

45．在 Word 中，关于设置页边距的说法不正确的是(　)。
(A) 用户可以使用“页面设置”对话框来设置页边距
(B) 用户既可以设置左、右页边距，也可以设置上、下页边距
(C) 用户可以使用标尺来调整页边距
(D) 页边距的设置只影响当前页

46．在某个竖向页面的文档中，需要将某一页变为横向页面，那么(　)。
(A) 是不可实现的
(B) 可将文档分成三个文档处理
(C) 可将文档分成二个文档处理
(D) 可在横页开始处插入分节符，在横页的结束处再插入分节符，然后将两个分节符中的页面设置为横向，但在应用范围内必须设置为“本节”

47．Word 常用工具栏中的“显示比例”选择框，是用于(　)的。
(A) 字符缩放　　(B) 字符缩小
(C) 字符放大　　(D) 上述均不是

48．Word 中，(　)视图方式使得显示效果与打印预览基本相同。
(A) 普通　　(B) 页面
(C) 大纲　　(D) 主控文档

49．在 Word 中，与打印输出有关的命令可以在(　)菜单中找到。
(A) 文件　　(B) 工具
(C) 编辑　　(D) 格式

50．表示打印第 5 页开始一直到第 20 页，再从 30 页开始一直到 35 页的表示方式是(　)。
(A) 5，20，30，35　　(B) 5，20-30，35
(C) 5-10-30-35　　(D) 5-20，30-35

5.2 创 建 文 档

5.2.1 第 1 题

打开素材文件夹下的“思想构成.doc”文档，参照“5.2.1 样文”，按要求完成文档的编辑，完成后以“试题 5.2.1.doc”为名保存至考生文件夹。

(1) 标题“思想构成”设置为艺术字，样式为“第二列，第四行”，形状为“两端近”，使用阴影样式 14。

(2) 各段首行缩进两个字符，第二段落左右缩进两个字符。参照样文添加段落边框，线型为双线、红色、1.5 磅，灰色 25%段落底纹。

(3) 参照样文为文档添加页脚。页脚中“第 X 页 共 Y 页”中的 Y 是系统自动添加的，字号为四号。

(4) 将第三段分为两栏，字号为五号。参照样文插入来自素材文件夹下的“图片 1.jpg”，图片高度为 2 厘米，宽度为 14 厘米，版式为“紧密形”，亮度增加两个级别，并调整图片位置。

(5) 将文档第二段落的“爱”替换为“love”，格式为加粗、蓝色、三号。

5.2.2 第 2 题

打开素材文件夹下的“怀念也是一种幸福.doc”文档，参照“5.2.2 样文”，按要求完成文档的编辑，完成后以“试题 5.2.2.doc”为名保存至考生文件夹。

(1) 标题“怀念也是一种幸福”设置为艺术字，样式为“第二列，第三行”，艺术字高度、宽度缩放 60%，形状为“桥形”，使用阴影样式 2。

(2) 各段首行缩进两个字符，第二段落左右缩进两个字符。参照样文添加段落边框，线型为双线、红色、3 磅，浅绿色段落底纹。

(3) 参照样文为文档添加页脚。页脚中“第 X 页 共 Y 页”中的 Y 是系统自动添加的，字号为四号。

(4) 第三段分为两栏，字号为五号，参照样文插入来自素材文件夹下的“图片 2.jpg”，图片高度为 3.8 厘米，宽度为 4.1 厘米，版式为“四周型”，亮度增加两个级别，并调整图片位置。

(5) 参照样文，在文中绘制自选图形“横卷形”，填充效果为红日西斜，边框线条为无色，并添加文字。

5.2.3 第 3 题

打开素材文件夹下的“我的父母亲.doc”文档，参照“5.2.3 样文”，按要求完成文档的编辑，完成后以“试题 5.2.3.doc”为名保存至考生文件夹。

(1) 将标题文字插入文本框中，文本框填充效果为“纹理：信纸”，边框线条为金色，标题：黑体、初号、加粗、居中、桔黄色。

(2) 正文各段首行缩进 0.8 厘米，行间距固定值 20 磅，对齐方式为：左对齐。

(3) 参照样文，设置首字下沉三行、距正文 1 厘米。

(4) 参照样文，给文档内容添加项目符号。项目符号为红色、二号，项目符号和文字缩进位置均为 0。

(5) 参照样文，插入来自素材文件夹下的“图片 3.jpg”，将图片颜色设置为冲蚀，衬于文字下方，图片宽度 15 厘米、高度 9 厘米。

5.2.4　第 4 题

打开素材文件夹下的“中国人的处事方法.doc”文档，参照“5.2.4 样文”，按要求完成文档的编辑，完成后以“试题 5.2.4.doc”为名保存至考生文件夹。

(1) 标题“中国人的处事方法”设置为艺术字，样式为“第一列，第一行”，艺术字填充效果为双色(蓝、白)斜下、四周型，水平对齐方式为居中。

(2) 标题艺术字应用三维样式 7，精确旋转 -2 度。

(3) 将第三段分为两栏，段前间距 0.5 行，字符间距加宽 3 磅。

(4) 各段首行缩进两个字符，参照样文，将第一、二段添加段落边框，线型为双线、红色、3 磅，淡蓝色段落底纹。

(5) 将最后一段文字插入文本框中，填充效果为“纹理：再生纸”，边框线条为无色，阴影样式 6。

(6) 参照样文，绘制自选图形星与旗帜中“爆炸 2”，填充效果为茵茵绿原，边框线条为无色，衬于文字下方。

5.2.5　第 5 题

打开素材文件夹下的“秋天.doc”文档，参照“5.2.5 样文”，按要求完成文档的编辑，完成后以“试题 5.2.5.doc”为名保存至考生文件夹。

(1) 给标题文字添加棕黄色底纹，楷体_GB2312、一号。

(2) 将文档第一段文字插入文本框中，填充效果为“纹理：再生纸”，边框线条为无色，阴影样式 6。

(3) 参照样文，调整图片位置，高度 5 厘米、宽度 4 厘米，版式：四周型环绕，水平对齐方式为右对齐。

(4) 参照样文，给文档内容添加玫瑰红段落底纹。

(5) 为当前文档添加文字水印。文字：秋天，尺寸：144，颜色：红色，版式：斜式。

5.2.6　第 6 题

打开素材文件夹下的“守望玉米.doc”文档，参照“5.2.6 样文”，按要求完成文档的编辑，完成后以“试题 5.2.6.doc”为名保存至考生文件夹。

(1) 标题“守望玉米”设置为艺术字，样式为“第二列，第四行”，艺术字形状：右牛角形紧密型，艺术字字母高度相同。

(2) 设置正文各段首行缩进 2 个字符，段前间距 0.5 行。

(3) 正文第二段添加阴影边框、褐色、1.5 磅。参照样文，将第三段文档内容分为两栏，添加淡蓝色段落底纹。

(4) 参照样文，将正文最后一段设置为艺术字，样式为“第一列，第二行”，填充颜色：红色，线条颜色：红色。

(5) 参照样文，在文中插入文本框，填充效果为素材文件夹下的“图片 6.jpg”，边框线条为无色，并将艺术字与文本框组合。

5.2.7 第 7 题

打开素材文件夹下的“和心灵的一次对话.doc”文档，参照“5.2.7 样文”，按要求完成文档的编辑，完成后以“试题 5.2.7.doc”为名保存至考生文件夹。

(1) 给标题文字添加浅桔黄色底纹，楷体_GB2312，一号。

(2) 设置正文各段首行缩进 2 个字符，段前间距 0.5 行，对齐方式为两端对齐。

(3) 设置正文第三段段后间距 2 行，并将该段插入文本框中，文本框填充效果为软木塞，字体：华文行楷、五号、红色，边框线条为无颜色。

(4) 设置正文首字下沉三行，参照样文，向文档页眉中添加素材文件夹下的“图片 7.jpg”，页眉文字四号。

(5) 参照样文，添加阴影页面边框，线型第九根、褐色、六磅。

5.2.8 第 8 题

打开素材文件夹下的“故乡的白槐.doc”文档，参照“5.2.8 样文”，按要求完成文档的编辑，完成后以“试题 5.2.8.doc”为名保存至考生文件夹。

(1) 标题“故乡的白槐”设置为艺术字，样式为“第一列，第一行”，艺术字填充效果为双色(红、白)斜上、四周型环绕，水平对齐方式为居中，边框线条为无色。

(2) 标题艺术字应用阴影样式 2，阴影颜色为棕色，精确旋转 -2 度。

(3) 将第三段分为两栏，段前间距 0.5 行，字符间距加宽 1 磅。

(4) 各段首行缩进两个字符，参照样文，添加段落边框线型为双线、红色、3 磅，淡蓝色段落底纹。

(5) 将最后一段文字插入文本框中，填充效果为“纹理：再生纸”，边框线条为无色，阴影样式 6。

(6) 参照样文，绘制自选图形星与旗帜中“爆炸 2”，填充效果为茵茵绿原，边框线条为无色，衬于文字下方。

5.2.9 第 9 题

打开素材文件夹下的“牡丹的拒绝.doc”文档，参照“5.2.9 样文”，按要求完成文档的编辑，完成后以“试题 5.2.9.doc”为名保存至考生文件夹。

(1) 标题“牡丹的拒绝”设置为艺术字，样式为“第二列，第四行”，艺术字形状：左近右远形、四周型环绕，艺术字字母高度相同，水平对齐方式为居中。

(2) 参照样文将正文分段，设置正文各段首行缩进 2 个字符，段前间距 0.5 行。

(3) 正文第二段添加阴影边框、褐色、1.5 磅，参照样文将此段内容分为两栏，添加青色段落底纹。

(4) 参照样文将正文最后一段设置为艺术字，样式为“第一列、第二行”，填充颜色：红色，线条色：红色。

(5) 参照样文在文中插入来自素材文件夹下的“图片 9.jpg”，衬于文字下方。调整图片大小，高为 3.5 厘米，宽为 4 厘米，并调整图片位置。

5.2.10 第 10 题

打开素材文件夹下的“夜湖轻梦.doc”文档，参照“5.2.10 样文”，按要求完成文档的编辑，完成后以“试题 5.2.10.doc”为名保存至考生文件夹。

(1) 将文档中所有的人工换行符进行替换。

(2) 参照样文将文档分段，正文各段首行缩进两个字符，段后间距 0.5 行。

(3) 标题“夜湖轻梦”设置为艺术字，样式为“第二列，第四行”。艺术字形状：左近右远形、四周型环绕，艺术字字母高度相同，水平对齐方式为居中。

(4) 正文第二段添加阴影边框、褐色、1.5 磅，参照样文将文档内容分为两栏，添加浅绿色段落底纹。

(5) 参照样文将正文最后一段设置为艺术字，样式为“第一列，第二行”，填充颜色：红色，线条色：红色。

(6) 参照样文，在文中插入来自素材文件夹下的“图片 10.jpg”，紧密型环绕，并调整图片位置。

5.2.11 第 11 题

打开素材文件夹下的“人生十条成功秘诀.doc”文档，参照“5.2.11 样文”，按要求完成文档的编辑，完成后以“试题 5.2.11.doc”为名保存至考生文件夹。

(1) 参照样文，将全文段落按序号排序，排序依据数字、升序。

(2) 将正文各段首行缩进两个字符，段后间距 0.5 行。

(3) 将标题文字插入文本框中，文本框填充效果为“纹理：信纸”，边框线条为金色，标题：黑体、初号、加粗、居中、桔黄色。

(4) 参照样文，将文档第三段分为两栏，添加分隔线。

(5) 参照样文，插入来自素材文件夹下的“图片 11.jpg”，将图片设置为水印，衬于文字下方。图片宽度 15 厘米、高度 9 厘米，水平对齐方式为居中。

5.2.12 第 12 题

打开素材文件夹下的“思考你的人生.doc”文档，参照“5.2.12 样文”，按要求完成文档的编辑，完成后以“试题 5.2.12.doc”为名保存至考生文件夹。

(1) 给标题文字添加浅桔黄色底纹，楷体_GB2312，二号。

(2) 参照样文，将文档中第二段第一句英文字母更改为大写。

(3) 参照样文，将文档中的所有数字一次替换为“十”，加粗、红色。

(4) 设置正文第三段段后间距 2 行，并将该段插入文本框中，文本框填充效果为软木塞，边框线条为无色。

(5) 设置正文首字下沉三行。

(6) 参照样文向文档中添加素材文件夹下的“图片 12.jpg”，图片对比度增加两个级别，亮度降低两个级别，图片高度为 4 厘米、宽度为 5 厘米，紧密型环绕，调整图片位置。

5.2.13 第 13 题

打开素材文件夹下的“想起母亲.doc”文档，参照“5.2.13 样文”，按要求完成文档的编辑，完成后以“试题 5.2.13.doc”为名保存至考生文件夹。

(1) 将文档中所有的人工换行符进行替换。

(2) 参照样文将文档分段，正文各段首行缩进两个字符，段后间距 1 行。

(3) 标题“想起母亲”设置为艺术字，样式为“第二列，第四行”，艺术字形状：波形 1、四周型环绕，水平对齐方式为居中。

(4) 参照样文将文档第二段内容分为两栏，添加玫瑰红段落底纹。

(5) 参照样文在文中插入来自素材文件夹下的“图片 13.jpg”，紧密型环绕，调整图片位置，并设置图片大小，高为 4.5 厘米，宽为 6 厘米。

5.2.14 第 14 题

打开素材文件夹下的“朋友.doc”文档，参照“5.2.14 样文”，按要求完成文档的编辑，完成后以“试题 5.2.14.doc”为名保存至考生文件夹。

(1) 给标题段落添加玫瑰红底纹，楷体_GB2312，一号，字符间距加宽 10 磅。

(2) 参照样文为文档分段，将文档第一段文字插入文本框中，填充效果为“纹理：再生纸”，边框线条为无色，阴影样式 6。

(3) 参照样文，插入来自素材文件夹下的“图片 14.jpg”，并调整图片位置：高度 5 厘米、宽度 4 厘米，版式：四周型环绕，水平对齐方式为右对齐。

(4) 参照样文，给文档内容添加玫瑰红段落底纹。

(5) 参照样文为当前文档添加水印，文字：传阅，尺寸：144，颜色：红色，版式：斜式。

5.2.15 第 15 题

打开素材文件夹下的“两盆花.doc”文档，参照“5.2.15 样文”，按要求完成文档的编辑，完成后以“试题 5.2.15.doc”为名保存至考生文件夹。

(1) 将文档中所有的人工换行符进行替换。

(2) 参照样文将文档分段，正文各段首行缩进两个字符，段后间距 1 行。

(3) 标题“两盆花”设置为艺术字，样式为“第二列，第四行”，艺术字形状：左近右远形、四周型环绕，艺术字字母高度相同，水平对齐方式为居中。

(4) 参照样文将文档第二段内容分为两栏，添加青色段落底纹。

(5) 参照样文将正文最后一段设置为艺术字，样式为“第一列，第二行”，填充颜色：

红色，线条色：红色。

(6) 参照样文在文中插入来自素材文件夹下的“图片 15.jpg”，紧密型环绕，调整图片位置。

5.2.16 第 16 题

打开素材文件夹下的“大杂院.doc”文档，参照“5.2.16 样文”，按要求完成文档的编辑，完成后以“试题 5.2.16.doc”为名保存至考生文件夹。

(1) 给标题文字添加棕黄色底纹，楷体_GB2312，一号。

(2) 将文档第一段文字插入文本框中，填充效果为“纹理：再生纸”，边框线条为无色，阴影样式 6。

(3) 参照样文，插入来自素材文件夹下的“图片 16.jpg”，利用自选图形绘制图片边框。

(4) 参照样文，给文档内容添加玫瑰红段落底纹。

(5) 为当前文档添加水印，文字：原件，尺寸：120，颜色：红色，版式：斜体。

5.2.17 第 17 题

打开素材文件夹下的“尊严.doc”文档，参照“5.2.17 样文”，按要求完成文档的编辑，完成后以“试题 5.2.17.doc”为名保存至考生文件夹。

(1) 标题“尊严”设置为艺术字，样式为“第一列，第一行”，艺术字填充效果为双色(蓝、白)斜下、四周型环绕，水平居中方式为居中。

(2) 标题艺术字应用三维样式 7，精确旋转 -2 度。

(3) 将第二段分为两栏，段前间距 0.5 行，字符间距加宽 1.5 磅。

(4) 参照样文给第四段添加段落边框，线型为双线、红色、1.5 磅，浅绿色段落底纹。

(5) 将最后一段文字插入文本框中，填充效果为“纹理：再生纸”，边框线条为无色，阴影样式 6。

(6) 参照样文绘制自选图形星与旗帜中“八角星”，填充效果为茵茵绿原，线条颜色为无色，衬于文字下方。

5.2.18 第 18 题

打开素材文件夹下的“人生的选择.doc”文档，参照“5.2.18 样文”，按要求完成文档的编辑，完成后以“试题 5.2.18.doc”为名保存至考生文件夹。

(1) 标题“人生的选择”设置为艺术字，样式为“第二列，第三行”，艺术字高度、宽度缩放 60%，形状为“桥形”，使用阴影样式 2。

(2) 各段首行缩进两个字符，第二段落左右缩进两个字符，添加段落边框线型双线、红色、0.5 磅，浅绿色段落底纹。

(3) 将第三段分为两栏，字号为五号，参照样文插入来自素材文件夹下的“18.jpg”，图片宽度为 6 厘米，高度为 5 厘米，版式为“四周型”，亮度增加两个级别，调整图片位置。

(4) 参照样文在文中绘制自选图形“横卷形”，填充效果为红日西斜，边框线条为无色，并添加文字。

5.2.19　第 19 题

打开素材文件夹下的“我的女儿.doc”文档，参照“5.2.19 样文”，按要求完成文档的编辑，完成后以“试题 5.2.19.doc”为名保存至考生文件夹。

(1) 将标题“我的女儿”设置为艺术字，样式为“第二列，第三行”，艺术字高度、宽度缩放 80%，形状为“右牛角形”，使用阴影样式 6，阴影颜色为玫瑰红。

(2) 各段首行缩进 0.74 厘米，段后间距 1 行。

(3) 将正文最后一段转换为艺术字，样式为“第三行、第一列”，填充色、线条色均为玫瑰红。

(4) 参照样文在文中绘制文本框，填充效果为漫漫黄沙，边框线条为无色，衬于艺术字下方。

5.2.20　第 20 题

打开素材文件夹下的“珍惜的价值.doc”文档，参照“5.2.20 样文”，按要求完成文档的编辑，完成后以“试题 5.2.20.doc”为名保存至考生文件夹。

(1) 将文档中所有的人工换行符进行替换。

(2) 参照样文，将文档分段，正文各段首行缩进两个字符，段后间距 0.5 行。

(3) 标题“珍惜的价值”设置为艺术字，样式为“第二列，第四行”，艺术字形状：左近右远形、四周型环绕，艺术字字母高度相同，水平对齐方式为居中。

(4) 参照样文将文档第二段内容分为两栏，添加浅绿色段落底纹。

(5) 参照样文将正文最后一段插入横排文本框，填充效果为极目远眺，线条色：无色。

【5.2.1　第 1 题样文】

思想构成

瞬间变化的世界时刻都在吞噬着流逝的时间，曾经的豪情壮志和肥皂泡沫式的爱情憧憬，随着飘逝的陌路一起稀薄、潜移……心还是那颗心，情还是那缕情。现在，请抛开你的寂寞，走出往日的回忆，因为，人生就像一场旅行，不必在乎目的地，在乎的，应是沿途的风景，以及看风景的心情！

在施与受之间，也在 **love** 与被 **love** 之间。这是一个由一棵有求必应的苹果树和一个贪求不厌的孩子，共同组成的温馨，又略带哀伤的动人故事。**love** 心树的英文“The Glving Tree”，牺牲奉献的意思。树并未因为男孩的予取予求感到难过，即使后来只剩下残干的他，是那么凄凉孤寂，但当男孩回到他身边只求一个安静的歇脚处时，树竟是满心喜悦地将自己奉献给他，这样的喜悦比起男孩小时候在树上刻的“M.E.＋T.”那些甜蜜文字，更令他感到舒心。

电信站　网通站

青年文摘

青音，中央人民广播电台新闻综合频率“中国之声”资深夜话节目主持人，她的节目在全国乃至东南亚地区有着广泛的收听群。她喜欢静静地把自己藏在话筒的背后，轻轻地用她那独特的声音默默地做你的空中之友。六年来，她第一次出现在众人的目光下，第一次拿出自己的照片，第一次讲述她和广播那曲折的不解之缘，第一次回忆那个叫青音的小女孩的童年，第一次拿起笔写写心情，写写经历，写写身边的同事朋友。

第 1 页 共 1 页

【5.2.2　第 2 题样文】

怀念也是一种幸福

母亲的忌日，我和妹妹一同回到了老家，一是祭奠一下母亲，二是看望一下二十年来一直孤独生活着的父亲。

那一天，父亲也像现在一样坐着，守在母亲的床头，深深地凝望着已经到了弥留之际的母亲。尽管大夫已经交代了该准备后事的事实，父亲却始终在对周围的人念叨着，不会有生命危险，因为母亲看起来呼吸很是平稳，而且也不再有痛苦的挣扎和呻吟。其实母亲的呼吸应该说是极其微弱的，只是父亲不肯接受这个现实，他相信母亲会醒过来的，甚至觉得母亲可能会好起来的。

后来奶奶问父亲母亲最后是不是要找什么，父亲说，“她让我再找一个。”母亲的这个要求很让大家吃惊，她凭着坚强的意志醒过来，留下的竟是让丈夫再找一个的遗言，再找一个，那就意味着给我和妹妹找一个后妈，这是我所不能理解的，以至于在以后很长的时间里成为我心中的一个结。母亲临终没有对尚未成年的儿女有任何的交代，却要把儿女交给后妈，这使得我们幼小的心灵，对母爱产生了怀疑，甚至觉得她是不爱我们。后来……

中国奥运

第 1 页 共 1页

【5.2.3　第 3 题样文】

我的父母亲

有人说：“儿随母，女随父。”这句话不知对别人是否符合，但对我来讲是很符合的。虽然父亲每天都在外面忙自己的生意，但有时在我们吃饭的时候，父亲也会给我们一些有关学习方面的教育和帮助。

在初中的时候，我们学过朱德写的《回忆我的母亲》，朱德写出自己对母亲的思念和回忆，写出了母亲的伟大。

母亲给了我生命、自由、快乐、教育和关怀等。我的母亲是那么的伟大，但母亲的伟大，不是让我们记住她，而是教育我们应该去怎样做人，做什么样的人，怎样去报效祖国。

在谈到父亲的时候，几乎都动了真情。竟然流出了眼泪。有一次，我读罗中立写的《父亲》时，那真是让我感动了几十次，我不知道罗中立写《父亲》时，是否在三十岁后，因为有人说：“在娶妻生子之前，儿女是很难真正懂得父爱的，一旦懂得，你已有些老，但那是唯一的。”但我不认为这种说法是对的，因为我现在只有十七、八岁，我已懂得了父爱。

在今年的暑假里，我因扁桃体切除，在医院住了几天，在动手术的时候，我盼着父亲能在我的身边，可是他没有，只有母亲和小姨在。

【5.2.4 第4题样文】

中国人的处事方法

印度和中国相邻，却又被高耸的喜马拉雅山隔开，中国人的想法和做法与我们大不相同。如果我们想超越这些限制，就必须要了解中国丰富的传统和文化。

中国人只相信今生今世。在他们看来，眼前的日子才是最重要的，也是生活的目的所在。

虽然佛教试图将许多印度教的教义传入中国，但中国人依然不像我们这样来看待孽与德。佛教、伊斯兰教及基督教都曾传入过中国，但中国人对宗教的态度仍显得不冷不热并带有功利主义色彩。印度人为自己只注重精神世界而自豪，因此他们信仰精神与灵魂，中国人却要和精神、物质两个世界打交道。对印度人来说，精神世界比物质世界重要，内容比形式重要，意愿比表达重要。对中国人来说，形式和表达则比精神和意愿更重要。

印度人靠积极上进、非常自信来处处显示自身的优越感，而中国人则正好相反，显得非常谨慎、仔细和谦逊。他会和你谈你的事情，却闭口不谈他自己。当要合影的时候，一个印度人会使劲向前挤，而中国人却不会这样做，除非有人特别邀请。

有这么一个说法：“送中国人一块石头，他会还给你一块玉！”

【5.2.5　第 5 题样文】

秋天“西游”记

吴承恩老先生最杰出的大作叫《西游记》，我写这篇文章的时候，借用了他的两个字。

本以为下雨的天空在出发之前洒几滴就宣布告停，一个多小时下车后，雨还是稀哩哗啦地没完没了，无意中竟是莫名其妙地被勾起几丝淡淡的忧伤。压抑和我不能确定的恐惧在迅速膨胀，突然间，在夜凉如水的梦里惶惑惊醒——仿佛已过了一千年那么长。这个秋夜是如此的热闹和不平凡。它所表现出来的华丽、丰富、热烈都说明人们在白天里的那种生动和活泼，可是我没有心情去感受这些。拉家常倒成了我们回家第一时间的精彩“节目”，围坐在煤球炉旁，大哥向我问起了农特两税减免能够延续多久、农村种养业的规模和意向受不受政府限制、退耕还林、农民养老保险、就医、在外打工的儿子用哪种方式汇款问题等等，都成了我们谈论的话题，虽然我没能很准确无误地回答，但聊的都是农村最敏感而且也是最关心的话题。而以往我们回家，听到最多的是对个别基层干部的一些负面评价，这次“西游”之后，我对他们的印象大为改观。一批年富力强的村干部上任后，办事干练，效率高。一批优秀的基层干部的形象深深地印在我的脑海中。

也许，也许是秋云的作用吧，天是流体，而月亮是发光的浮标，世间一切事物是变化的。

【5.2.6 第 6 题样文】

守望玉米

父亲又一次早早地起来，走向玉米地，然后，他在田埂上蹲了下来，拿出烟袋点上，和玉米长久地对视。

这时候的太阳还没有升起来，原野一片寂静，一切还都沉寂在温柔的梦乡里。雾霭在玉米的头顶上缱绻不散，它们轻轻地抚摸着玉米的身躯，给玉米镀上了一层晶莹的水气，从而显得更加妩媚了。

牛的一声长哞打破了原野的宁静，阳光从东方跳了出来，红彤彤的，把玉米照成了淡红色。阳光照在父亲身上，暖洋洋的，父亲陶醉了，吐出的烟气使他眯起了双眼，成了原野里的一棵平静的杨树。

守望着玉米便是守望着希望，希望的背后是沉甸甸的丰收，这个道理父亲极其明白，并且以他的行动证明了这一点。

父亲站了起来，抖落了一身的阳光。他倒背着双手，在玉米们面前是一位领袖。

【5.2.7　第 7 题样文】

摘自《青年文摘》

和心灵的一次对话

转眼之间已经是大四了，要离开科大去别的地方读研。三年多的科大生活留下了太多的记忆和感触，以至于一时之间不知从何说起。

你不是没有休闲时间，而是没有休闲文化。为什么要放纵自己无所事事地出出进进或者把时间浪费在自己本质上不喜欢的事情或人身上，而不是真正地去思考自己到底想干什么或者喜欢什么呢？

你为什么要去虚度光阴然后再让自己感觉到内疚，而不是把握好时间让自己充实和幸福呢？

记住，明天和未来永远是未知和多变的，你惟一拥有的就是今天的此刻。为什么要让你自己成天地虚构着未来而占据大脑的大部分精力呢？

【5.2.8　第 8 题样文】

故乡的白槐

乡下老家离县城算不得远，只是平素是个忙人，每年回去多不过两次，自己便有身在异乡之感了。倒是神思无拘管，家里的老屋常浮现在眼前，每每可抚慰我思念的情怀。

听母亲说，屋子前后的树都是父亲早年栽植的。我确记得幼时的炎夏，中午全家人通常聚在门口的大白槐树下吃饭、避暑，这时姐弟中最小的我，就爱趁大家不注意，顽皮地一骨碌爬上高高的树桠，冲大家做鬼脸。

父亲看病、去世使我家本已拮据的日子更加窘困。夏季里，姐姐用长竹竿在屋前屋后打落白槐树花，我拎着口袋跟在后面逐个儿捡。树多花密，集的树花卖了钱，凑起来够我入学的费用。后来，年关熬不过，母亲还是决计让人锯走了几棵白槐，换来清贫一家年里的饱暖与温馨。

母亲不愿离开那间老屋。

【5.2.9　第 9 题样文】

牡丹的拒绝

一个又冷又静的洛阳，让你觉得有什么地方不对劲。你悄悄闭上眼睛不忍寻觅。你深呼吸掩藏好了最后的侥幸，姗姗步入王城公园。你相信牡丹生性喜欢热闹，你知道牡丹不像幽兰习惯寂寞，你甚至怀着自私的企图，愿牡丹接受这提前的参拜和瞻仰。

偌大的一个牡丹王国，竟然是一片黯淡萧瑟的灰绿……一丝苍白的阳光伸出手竭力抚弄着它，它却木然呆立，无动于衷。惊愕伴随着失望和疑虑——你不知道牡丹为什么要拒绝，拒绝本该属于它的荣誉和赞颂？于是看花人说这个洛阳牡丹真是徒有虚名；于是洛阳人摇头说其实洛阳牡丹从未如今年这样失约，这个春实在太冷，寒流接着寒流怎么能怪牡丹？当年武则天皇帝令百花连夜速发以待她明朝游玩上苑，百花慑于皇威纷纷开放，惟独牡丹不从，宁可发配洛阳。

想象给予你失望的纪念，给予你来年的安慰与希望。牡丹为自己营造了神秘与完美——恰恰在没有牡丹的日子里，你探访了窥视了牡丹的个性。其实你在很久以前并不喜欢牡丹。因为它总被人作为富贵膜拜。

你叹服牡丹卓尔不群之姿忽略

【5.2.10　第 10 题样文】

夜湖轻梦

几度到得西湖，却未曾若今夜来得好。今夜，湖堤灯火依然阑珊，但是，也许是夜雨轻寒的缘故，湖上游人竟少。东坡诗云，欲把西湖比西子，淡妆浓抹总相宜，固然是梦里拾得的妙喻，但是，我以为若把今夜的西湖比作西子的话，并非相宜。西子，缺少这一种惺松迷离的姿态，缺少这一份朦胧又淡远的韵致。

小小的船来了，水上飘来，犹如一弯隔云的月。我们忙忙地上船去。方坐定，船已鱼一般轻轻溜过如镜的湖面。

湖上看湖，正如镜里看镜，又是一番境界。孤山在灯影里绿得幽深，更觉其孤；长堤在夜色里暗如墨痕，更显其长。湖呢，远离了白天的繁华喧嚣，显得宁静脱俗，仿佛回归了它生命的本相。船在湖上轻轻漂着，犹如回溯慈母的怀抱，又如做了一个翡翠的梦。我不禁有所感慨，多少宁静的生命，在尘垢里一翻滚过，就再也找不回自己的本来面目。而这湖，经历了千年的岁月还是一碧如斯。多少晴光，多少风雨，多少歌舞，多少刀兵，在这湖光里曾演出过多少的悲悲喜喜，可是当这一切悄然退去，湖还是宁静如初，博大如旧，实在是令人钦叹呀！西湖，是天地间的大名湖。

今夜，我坦然独享一片宁静

【5.2.11　第 11 题样文】

人生十条成功秘诀

1. 必须先在内心深处感受到爱，然后才能爱其他的人。爱的定义有千万种。它是无条件的接受，也是无条件的付出。

2. 我们的思想无法分辨真实的生活经验和生动重复的幻想经验，因此，想象力和创造力便弥足珍贵。

3. 人生的报酬决定于贡献的质与量，就一个整体的社会而言，我们同时在为维护个人自由和社会秩序而努力。

4. 导致成功最重要的性向条件，是全世界百分之九十五的人无法了解应干哪一种行业。因此了解自己的天赋的才能和潜力非常重要。

5. 如此多的人无法达成他们的理想，其原因在于他们从来没有真正定下生活的目标。

6. 轻轻一抚，胜过千言万语。爱就是保持接触，播下沟通的种子。我们原本是擦身而过的陌生人，但彼此伸出手来握住，便不再漠不相干了。

7. 生活是一种自我预言，你不一定要得到生活中所需要的，但到最后，我通常总能达到你所期望的。

8. 美好的古老时光就在眼前。所谓美好的古老时光就是现在。因为这才是我们生活的日子，也是我们在历史中唯一生存的一段时间。这是属于我们的时光。

9. 成功者所从事的工作是绝大多数人所不愿去做的，生活中的失败者就是那些想赚大钱，想穿金戴玉，想和富有的人一样到观光区去度假，想拥有权力，想当上隐士，却可以不付诸实际行动的人。

10. 正确的观察力。从内心深处来观察生活，对我们每个人来说是最重要的。

【5.2.12　第 12 题样文】

思考你的人生：一分钟能做多少事？

一分钟可以阅读一篇五六百字的文章，可以浏览一份十十多版的日报，看十一十十个精彩的广告短片，跑十十十米，做十十多个仰卧起坐……一分钟能做多少事？

“WHAT CAN YOU DO IN A MINUTE”，“一分钟能做多少事”。美国管理学专家在黑板上写下这两行字后，台下的管理人员们窃窃私语片刻，然后纷纷举手发言：　一分钟可以快速阅读一篇五六百字的文章。

我喜欢看广告，一分钟可以欣赏十一十十个精彩的广告短片。

一分钟用来打字的话，可以打上百个字。我们部里的文秘平均一分钟可以打十十个字。我当过记者，手写字很快，一分钟可以写十十多个字。

一分钟跑十十十米没问题，如果用来做仰卧起坐，一分钟可做十十多个，让人浑身舒畅。

我曾在一分钟之内推销出去一件产品，是在路上向行人销售化妆品。我用大概十十秒介绍了自己和产品，然后顾客用十十秒考虑买下了。这项纪录我一直想超越。

…………

台下无比寂静，大家似乎都屏住了呼吸，期待着更精彩的话语。

“我们还需要尝试列举一元钱能做多少事情。也许一元钱仅仅能买一份报纸或者是一瓶矿泉水，但是报纸里面有很多有用的商业信息，而一瓶矿泉水如果拿到干旱的地方就远远不止一元钱了。同样，如果我们将很多一元钱汇集下来，并且很好地使用，那我们会看到意想不到的神奇。”

“时间和金钱一样，让我们热爱，也会让我们恐惧。学会主宰它们，把它们掌握在手中，你就会变得富有、成功和生机勃勃；倘若忽视每一分钟每一元钱，等待你的很可能是空虚、平庸和贫穷，人生将失去乐趣，生命将失去活力。当然，我们还要趁着年轻，越早越好。

【5.2.13　第 13 题样文】

想起母亲

如今的我，俨然已成为一名城市里的行走者。妈妈也逐渐习惯了我每次离家的从容。每次远行，她从不替我收拾行囊。

我读高中时，弟妹相继上了初中，家里花销大增。虽然父亲是个能干的人，虽然父母的勤劳在我们那儿在那一辈人里是出了名的，但要承担那么重的经济支出，对于一个农民家庭而言着实不是一件易事。父母商量对策，最后决定父亲外出工作，而母亲独自承担着家里十几亩田地的春耕夏锄秋收。于是，母亲就长年累月地独自没日没夜地在地里忙碌劳作。

从小到大，我没有受到过太多父母的牵系，父母告诉我，让你独自去外面念书，就是让你自己去感悟，去明理。我一直认为，母亲朴实的心不理解我的理想。直到去年高考完，自感成绩不理想，焦虑得晕晕忽忽茶饭不思时，妈妈告诉我，她不会过多地要求我什么，只要我好好吃饭睡觉，健康并快乐地活着。我才知道，母亲并非不理解我，而是在用一个母亲的情怀、用一个经历半世沧桑的长者的心态去更深刻、更广博地关怀和体谅着我。

长到这么大，我曾为世间种种写下诸多感动的文字，却唯独没有用心书写过我的母亲。每每想起母亲，总有泪水在暗处汹涌。

【5.2.14　第 14 题样文】

朋　友

朋友是磁石吸来的铁片儿，钉子，螺丝帽和小别针，只要愿意，从俗世上的任何尘土里都能吸来。现在，街上的小青年有江湖意气，喜欢把朋友的关系叫“铁哥们”，第一次听到这么说，以为是铁焊了那种牢不可破，但一想，磁石吸的就是关于铁的东西呀。

这些东西，有的用力甩甩就掉了，有的怎么也甩不掉，可你没了磁性它们就全没有喽！昨天夜里，端了盆热水在凉台上洗脚，天上一个月亮，盆水里也有一个月亮，突然想到这就是朋友么。我在乡下的时候，有过许多朋友，至今二十年过去，来往的还有一二，八九皆已记不起姓名，却时常怀念一位已经死去的朋友。

地球上人类最多，但你一生的交往最多的却不外乎方圆几里或十几里，朋友的圈子其实就是你人生的世界，你的为名为利的奋斗历程就是朋友的好与恶的历史。

或许人家帮我的多，或许我帮人家的多，但只要相互诚实，谁吃亏谁占便宜就无所谓，我们就是长朋友，久朋友。

【5.2.15 第 15 题样文】

两盆花

原先我是不喜欢养花养草的，且有一种偏见，总认为那是闲人们干的事。但一盆仙人球和一盆文竹却改变了我的看法。所以，我家现在就有两盆花被摆在客厅窗台上了。妻过去倒是养了一些胖娃娃、三叶草之类的花草，搬家时放在了旧宅。前几天，她终于忍不住将那盆最大的养了十来年的胖娃娃搬到新居里来了。

我是今年春天搬的家。四五月份，到济南出差，就捎回来这文竹和仙人球。我喜欢仙人球，也有几年的功夫了，虽然那时我并没有养过。它那一身令人敬畏的刺，罩在隐约露出的绿球体上，给人一种朦胧的感觉。可是当你靠近它，并想进一步触摸它时，就得小心了。它那硬硬的尖尖的刺，像一把把利剑倒插在那球体上，不能不令那些贪食者惧怕吧？况且它又是那么耐旱，几乎不需要什么营养，甚至连水分也是所需最少的了。

我常常站在窗前，抱了双臂，欣赏这绿云。映着干净的窗玻璃，那团绿云真的让我有一种如梦如幻的感觉。

两盆花，具有不同的性格和特点。如果可以比喻的话，一个像刚健的男子汉，一个像柔弱的小女人，但它们的生命却都是那么顽强，那么给人启发，让人肃然起敬。

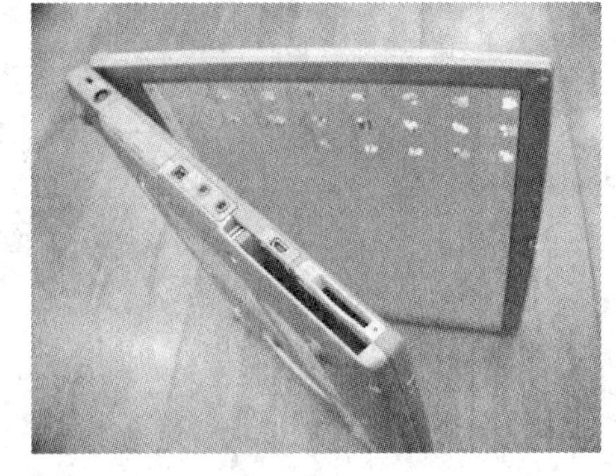

两盆花，两种人生。

【5.2.16 第 16 题样文】

大杂院

前几天，听说北京的四合院要拆迁，我心有感触，想起了十多年前住过的大杂院。

大杂院不大。里面却住着四户人家：大奶奶家、五大娘家、刘二婶家，还有我家，大大小小，老老少少加在一块，足有二十余口。

那时，我是大杂院最小也最淘气的一个，却极讨大人们的喜欢。大杂院的大门是一种厚木寨门，我常踩了门闩，猴似的窜上门顶，骑在门上，叫一人在下轻摇门，那种感觉煞是刺激。

三伏天，睡不着，大杂院里的人拿了马扎，凉席、蒲团，常聚在枣树下，或坐或躺或蹲，天南地北的聊一通。十里八乡的事儿，没有五大娘不知道的：哪家的媳妇不孝顺，谁家的妯娌不和气。嗓门儿又大，唠叨起来，没完没了，但大人们却喜欢听，忙围坐在她周围，跟着闲聊起来。

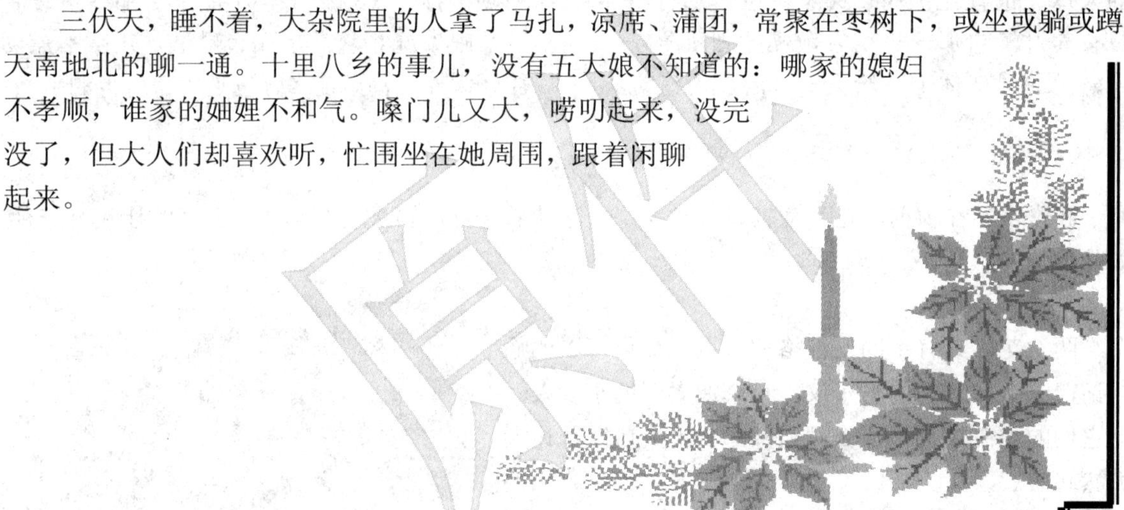

【5.2.17　第 17 题样文】

一夜的东北风,把残夏的余威吹得一干二净。翌日起床,打开房门,迎面是一阵清凉,秋的韵味来了。

我换上一套长袖的衣裤，坐在院子里看书，读了曾平的《老农照胃子》一文，写的是一位山村老农胃痛，到市里医院去做个胃镜检查，他带着家里仅有的 150 元钱，并背上一袋 36 斤的豆子，从乡下一步一步走到市里医院，医生告诉他做胃镜需要 178 元，他就把那一袋豆子抵 28 元，低价卖给医生。

病重的老人没有接受医生的同情，用自己的行动证明了他的朴实和尊严。这不由得让我想起了我这小镇上的一个人---陈实。

陈实是我镇上最贫困的人之一。他个头不高，反应和动作都很迟缓，但很老实。他 40 岁才结婚，妻子是个脊髓灰质炎患者，下肢瘫痪，长年卧床，生活不能自理。幸好生了一个孩子，但孩子的体质差，经常生病。好在陈实勤劳，一人包种了 20 亩的田，一家的生活都尽在其中了。

这时我想起了那些在外行乞、行骗的人们，白天他们可怜兮兮，低三下四地讨；或是坑蒙拐骗，花言巧语地逗。晚上却灯红酒绿，积蓄了钱回家盖房子，然后继续他们的行乞行骗之术。尊严何在呀？

有句话说得好，“贫穷并不可怕，可怕的是因贫穷而失去了尊严。”

【5.2.18　第 18 题样文】

人生的选择

生命对一个人多重要，每个人都是如此珍视和热爱它。我和那只再生的鹰那样，将续走今后人生的旅程，也许仍会遇到许多艰难险阻，但重要的是要有一个积极的生存心态。一次偶然，我了解了以前所不知的鹰的一些常识，并深深地被其奋斗的过程所打动。

鹰是世界上寿命最长的鸟类，一生的年龄可达 70 岁。可是很少有人知道，要活这么长的寿命，在其生命的中期必须做出艰难却重要的决定。因为鹰活到 40 岁的时候，它的爪子开始老化，无法有效地抓住猎物；它的喙变得又长又弯，翅膀也越加沉重，飞翔十分吃力。这时，它只有两种选择：一是等待死亡；二是重整后再生。

选择重整后再生的鹰，要经过一个痛苦更新的过程。它首先要努力地飞到山顶，在悬崖筑巢，在那里渡过漫长而又痛苦的 150 天。这段时间，要用力将又长又弯的喙去击打岩石，直到完全脱落，然后等候新的喙长出来；再用长出的新喙将指甲一根一根地拔出来；新指甲长出来后，再将羽毛一片一片地拔掉。待新的羽毛长出后，鹰又可以翱翔于广阔的天空，续走后 30 年的生命旅程。 一切都是命运的安排，仅仅在两年内，30 多岁的我便相继做了两次有惊无险的手术。就在第二次手术不久，婆婆被诊断为脑垂体瘤，我也被两家大医院疑为前期脑瘤。婆婆的脑垂体瘤已长到鹌鹑蛋大小，严重影响了左眼视神经，几乎近于盲视。

也许因婆婆的离去，身边的亲人、朋友更为我多了一份担心，他们想尽办法极力地劝我，到更好的医院尽快治疗，我一一拒绝了，用抵触的情绪对抗着围绕周身的善意。

人生选择

【5.2.19 第 19 题样文】

时光流水而过，眨眼间女儿已是四年级的小学生了。

女儿爱阅读，涉及面广，对于宇宙生灵有着天生的好奇，央视的《探索》栏目是她的最爱，说起海洋生物来头头是道，我则听得一头雾水，女儿还时常会教导我呢，“妈妈，你要看各种知识的书呀。”

女儿好运动，诸如攀援爬登、溜冰等较危险一类，女儿无不领教，且玩得煞是娴熟，当然免不了常会摔得青紫血瘀，我看了自然心疼，但女儿总是潇洒一笑，“咳，没事儿。”

女儿大方，遇有小朋友来家，会毫不吝啬地倾其所有美食招待之。一次我买回时令水果，买得不多，正值几个小伙伴来，女儿毫不迟疑地拿出水果每人分了一个，最后一个分两人，女儿犹豫了，眼见着女儿要吃亏，我心急地说：“你快吃了吧！”但女儿却执意与小朋友你一口我一口地吃得开心……望着孩子无邪的笑脸，羞愧开始漫上我的心头，我的胸怀居然比不过一个几岁的幼童！

人生路漫漫，其实谁又能说是成人教育了孩子呢？在这个物欲横流的社会，有时往往是孩子一颗纯真的童心唤回了我们世俗的心灵，从而找到一方净土，找回了人性的美。

【5.2.20　第 20 题样文】

珍惜的价值

我有几件古玩，都不是很名贵的古董，只不过我喜欢它们的古朴和造型。尤其是那尊唐代的舞女俑，云髻高绾，蛾眉蚕目，裙衣的皱褶线条流畅，造型优雅，十分赏心悦目，它是一件并不昂贵的出土古董，一位陕西的朋友赠我的，我把它高高放在我的书架上，伏案疲劳时，抬头赏一眼，歇歇心脑。

时常有喜欢古玩的朋友到我这里来，他们看到那件舞女俑，也十分喜欢，一个个爱不释手，恋恋不舍的样子。于是，便有人问我讨价说："给你一千元，你把它卖给我吧？"我摇摇头拒绝了，我想，他给开出的价已经不算低了，但为了那区区一千元，我怎能忍痛割爱呢？ 过了几天，这位朋友又来了，进门就盯住了我书案上的那件陶俑，主动跟我谈起价格："我知道，那件陶俑上次给你开价一千元太低了，这样吧，我今天给你开价五千元卖给我怎么样？"我笑着拒绝他说："这不是卖不卖的问题，再说，它怎么能值那么多钱呢？"任他怎么说，我还是婉言拒绝了。

朋友看了我的陶俑就笑了说："这是一件很普通的陶俑，最多价值五百元。

5.3 Word 文档的编辑

5.3.1 第 1 题

打开素材文件夹下的“我不是天才.doc”文档，参照“5.3.1 样文”，按要求完成文档的编辑，完成后以“试题 5.3.1.doc”为名保存至考生文件夹。

(1) 设置纸张为 A4，上、下边距各为 3 厘米，对称页边距。

(2) 参照样文为文档第一段落“看不起学校!”添加批注内容“哪所学校”。

(3) 将文档中的“电脑”替换为“计算机”。

(4) 设置系统度量单位为：厘米，保存方式为：快速保存。

(5) 文档保护修订：当插入文字时显示红色。

5.3.2 第 2 题

打开素材文件夹下的“巴老.doc”文档，参照“5.3.2 样文”，按要求完成文档的编辑，完成后以“试题 5.3.2.doc”为名保存至考生文件夹。

(1) 设置纸张为 B5(18.2 厘米，25.7 厘米)，上、下边距各为 2 厘米，对称页边距。

(2) 参照样文，为文档第一段落“自古逢秋悲寂寥”添加批注内容“作者：巴金”。

(3) 将文档中的“爱”替换为“Love”。

(4) 设置系统度量单位为：磅，保存方式为：快速保存。

(5) 文档保护修订：当插入文字时显示蓝色。

5.3.3 第 3 题

打开素材文件夹下的“把梦想交给自己.doc”文档，参照“5.3.3 样文”，按要求完成文档的编辑，完成后以“试题 5.3.3.doc”为名保存至考生文件夹。

(1) 设置纸张为自定义大、小(宽度 21 厘米，高度 29.7 厘米)，左、右边距各为 2.82 厘米。顶端装订，装订线 0.35 厘米。

(2) 参照样文，为文档第一段落“19 世纪初”添加脚注，内容：“把梦想交给自己”。

(3) 设置文档默认保存位置为“C:”。

(4) 利用域向文档末尾插入当前系统日期。

5.3.4 第 4 题

打开素材文件夹下的“慈母手中鞋.doc”文档，参照“5.3.4 样文”，按要求完成文档的编辑，完成后以“试题 5.3.4.doc”为名保存至考生文件夹。

(1) 设置纸张为自定义大、小(宽度 21 厘米，高度 29.7 厘米)，左、右边距各为 3 厘米，顶端装订，装订线 0.35 厘米。

(2) 设置文档默认保存位置为“D:”。

(3) 取消段落标记符显示。

5.3.5　第 5 题

打开素材文件夹下的“父亲的西装.doc”文档，参照“5.3.5 样文”，按要求完成文档的编辑，完成后以“试题 5.3.5.doc”为名保存至考生文件夹。

(1) 设置纸张为自定义大、小(宽度 19.4 厘米，高度 28.22 厘米)，左、右边距各为 2.82 厘米，顶端装订，装订线 0.53 厘米。

(2) 利用查找与替换将文档中的人工换行符全部替换为空格。

(3) 设置文档自动保存时间间隔为 5 分钟。

5.3.6　第 6 题

打开素材文件夹下的“牡丹的拒绝.doc”文档，参照“5.3.6 样文”，按要求完成文档的编辑，完成后以“试题 5.3.6.doc”为名保存至考生文件夹。

(1) 设置纸张为自定义大、小(宽度 20 厘米，高度 26 厘米)，上、下边距各为 2 厘米，页眉与页脚距边界各 1 厘米。

(2) 利用查找与替换将文档中的人工换行符全部替换为空格。

(3) 参照样文为文档分段。

(4) 设置文件菜单下显示：“最近使用过的文档个数”为 5 个。

5.3.7　第 7 题

打开素材文件夹下的“朋友.doc”文档，参照“5.3.7 样文”，按要求完成文档的编辑，完成后以“试题 5.3.7.doc”为名保存至考生文件夹。

(1) 设置纸张为自定义大、小(宽度 20.32 厘米，高度 30.48 厘米)，左、右边距各为 2.54 厘米。左侧装订，装订线 2.54 厘米。

(2) 利用查找与替换将文档中的“朋友”替换为“Friend”，标题除外。

(3) 设置文档保护，保护内容为：修订，密码为：SHI。

(4) 取消文件菜单下显示最近使用过的文档。

5.3.8　第 8 题

打开素材文件夹下的“思考你的人生.doc”文档，参照“5.3.8 样文”，按要求完成文档的编辑，完成后以“试题 5.3.8.doc”为名保存至考生文件夹。

(1) 设置纸张为自定义大、小(宽度 20.32 厘米，高度 30.48 厘米)，左、右边距各为 2.54 厘米。左侧装订，装订线 2.54 厘米。

(2) 参照样文设置页眉和页脚，页眉内容为“▦一分钟能做多少事”，居中对齐。

(3) 利用查找与替换将文档中的“1”替换为“一”。

(4) 为文档第一段“一分钟”添加批注“60 秒”。

(5) 设置文档保护，保护内容为：批注，密码为：KAO。

(6) 取消文件菜单下显示最近使用过的文档。

5.3.9 第 9 题

打开素材文件夹下的“人生.doc”文档，参照“5.3.9 样文”，按要求完成文档的编辑，完成后以“试题 5.3.9.doc”为名保存至考生文件夹。

(1) 设置纸张为自定义大小(宽度 20.32 厘米，高度 30.48 厘米)，左边距为 2.54 厘米、右边距为 4.14 厘米。左侧装订，装订线 2.54 厘米，页面横向。

(2) 设置文档内容，页面垂直对齐方式为：居中。

(3) 设置文档的保存方式为：后台保存，保存时间间隔为 3 分钟。

(4) 参照样文，设置页眉。页眉内容为“🕮人一生生命的过程”，居中对齐。

(5) 设置文档保护修订，插入文字时颜色为蓝色。

5.3.10 第 10 题

打开素材文件夹下的“我的故乡情.doc”文档，参照“5.3.10 样文”，按要求完成文档的编辑，完成后以“试题 5.3.10.doc”为名保存至考生文件夹。

(1) 设置纸张为 A5(宽度 14.8 厘米，高度 21 厘米)，左、右边距为 2 厘米，页眉、页脚距边界 1.5 厘米。

(2) 设置文档内容，页面垂直对齐方式为：两端对齐。

(3) 设置文档的保存方式为：后台保存，保存时间间隔为 3 分钟。

(4) 设置文档保护修订，删除文字时颜色为蓝色。

5.3.11 第 11 题

打开素材文件夹下的“想起母亲.doc”文档，参照“5.3.11 样文”，按要求完成文档的编辑，完成后以“试题 5.3.11.doc”为名保存至考生文件夹。

(1) 设置纸张为 A5(宽度 14.8 厘米，高度 21 厘米)，左、右边距为 2 厘米，页眉、页脚距边界 1.5 厘米。

(2) 利用查找与替换将文档中的“妈妈”替换为“母亲”，替换格式为：三号、红色、阳文。

(3) 设置文档内容，页面垂直对齐方式为：居中。

(4) 参照样文，在标题前插入脚注“想起母亲”。

(5) 设置文档保护修订，插入文字时颜色为蓝色。

5.3.12 第 12 题

打开素材文件夹下的“两盆花.doc”文档，参照“5.3.12 样文”，按要求完成文档的编辑，完成后以“试题 5.3.12.doc”为名保存至考生文件夹。

(1) 利用查找与替换将文档中的人工换行符替换为空格符。

(2) 参照样文为文档分段，使各段首行缩进两个汉字。

(3) 设置纸张为 A5(宽度 14.8 厘米，高度 21 厘米)，左、右边距为 2 厘米，页眉、页脚距边界 1.5 厘米。

(4) 参照样文为整篇文档添加行号，编号方式为：各页单独编号。

(5) 参照样文在标题前插入脚注“荷花与莲花”。

(6) 利用自动图文集，参照样文在文档末插入参考。

5.3.13 第 13 题

打开素材文件夹下的“我与鹦鹉的故事.doc”文档，参照“5.3.13 样文”，按要求完成文档的编辑，完成后以“试题 5.3.13.doc”为名保存至考生文件夹。

(1) 利用查找与替换将文档中的所有阿拉伯数字替换，替换为“ ”。

(2) 设置纸张为自定义大小(宽度 20.32 厘米，高度 30.48 厘米)，左边距为 2.54 厘米，右边距为 4.14 厘米。左侧装订，装订线 2.54 厘米，页面纵向。

(3) 设置文档内容，页面垂直对齐方式为：居中。

(4) 设置文档的保存方式为：后台保存，保存时间间隔为 3 分钟。

5.3.14 第 14 题

打开素材文件夹下的“母亲的泪.doc”文档，参照“5.3.14 样文”，按要求完成文档的编辑，完成后以“试题 5.3.14.doc”为名保存至考生文件夹。

(1) 利用查找与替换将文档中的“人”替换成字体颜色为玫瑰色、文字效果为七彩霓虹的“人”。

(2) 设置纸张为自定义大小(宽度 20.32 厘米，高度 30.48 厘米)，左边距为 2.54 厘米，右边距为 4.14 厘米。左侧装订，装订线 2.54 厘米，页面横向。

(3) 设置文档内容，页面垂直对齐方式为：居中。

(4) 设置文档的保存方式为：后台保存，保存时间间隔为 3 分钟。

(5) 设置文档保存位置为“C:”。

(6) 设置文档保护修订，插入文字时颜色为蓝色。

5.3.15　第 15 题

打开素材文件夹下的“云岗石窟.doc”文档，参照“5.3.15 样文”，按要求完成文档的编辑，完成后以“试题 5.3.15.doc”为名保存至考生文件夹。

(1) 以各段文字前的数字为段落序号，调整全文顺序。

(2) 修改文字“①”为“【地理位置】”，修改文字“②”为“【历史价值】”，修改文字“③”为“【建筑情况】”，(“【”和“】”为“标点符号”)。

(3) 参照样文在全文最后一个字符后插入尾注，尾注文字为“中国名窟”。

(4) 设置系统选项：“列出最近所用文件数”为 6 个。

5.3.16　第 16 题

打开素材文件夹下的“拉萨.doc”文档，参照“5.3.16 样文”，按要求完成文档的编辑，完成后以“试题 5.3.16.doc”为名保存至考生文件夹。

(1) 在文字“开始兴建宫室。”后分段。

(2) 在标题文字的前面插入脚注，脚注文字为“摘自《中华全景百卷书》”。

(3) 设置度量单位为“磅”。

(4) 参照样文将文档第一段落复制至文档末尾。

(5) 设置文档打开权限密码为：KAO。

5.3.17　第 17 题

打开素材文件夹下的“故乡的白槐.doc”文档，参照“5.3.17 样文”，按要求完成文档的编辑，完成后以“试题 5.3.17.doc”为名保存至考生文件夹。

(1) 参照样文，利用排序将全文段落按段落数，拼音升序排序。

(2) 利用查找与替换，将文档中的西文句号替换为中文句号。

(3) 在标题文字的前面插入脚注，脚注文字为“摘自《中华全景百卷书》”。

(4) 设置度量单位为“磅”。

(5) 设置系统选项：取消“列出最近所使用文件个数”。

5.3.18　第 18 题

打开素材文件夹下的“豆制品.doc”文档，参照“5.3.18 样文”，按要求完成文档的编辑，完成后以“试题 5.3.18.doc”为名保存至考生文件夹。

(1) 参照样文将素材文件“标题.doc”的文字插入在当前文档的开头。

(2) 参照样文合并段落。

(3) 将全文中的西文句号替换为中文句号。

(4) 设置页面视图不显“段落标记”。

(5) 将文档中第一段落的“豆腐”设置格式如样文所示。

(6) 设置文档保存方式为：快速保存。

5.3.19　第19题

打开素材文件夹下的“故乡的山茶花.doc”文档，参照“5.3.19 样文”，按要求完成文档的编辑，完成后以“试题5.3.19.doc”为名保存至考生文件夹。

(1) 设置纸张为自定义大、小(宽度20.32厘米，高度30.48厘米)，左、右边距各为2.54厘米。左侧装订，装订线2.54厘米。

(2) 参照样文设置页眉。页眉内容为“科普小知识”，居中对齐。

(3) 利用查找与替换将文档中的“茶花”替换为“茶花”，标题除外，替换格式：二号、天蓝、阴文、亦幻亦真。

(4) 设置文档标题缩放比例为200%。

(5) 取消文件菜单下显示最近使用过的文档。

5.3.20　第20题

打开素材文件夹下的“黑龙江.doc”文档，参照“5.3.20 样文”，按要求完成文档的编辑，完成后以“试题5.3.20.doc”为名保存至考生文件夹。

(1) 将全文合并为一个段落。

(2) 在全文前添加一行，输入文章标题“黑龙江”，黑体、三号、居中，字间距加宽10磅。

(3) 在标题文字的前面插入脚注，脚注文字为“摘自《中华全景百卷书》”。

(4) 设置文档文件的保存位置为“C：”。

(5) 设置文档内容居于页面中部：居中。

(6) 设置文档保护，保护内容为：修订。

【5.3.1　第 1 题样文】

我不是天才，但我也看不起大学

近日，重庆某高校一名大三男生的退学申请出现在某知名网站上，引起了网友的热烈讨论。该生向学校递交了书面自动退学申请表，在退学理由一栏中，这位周同学仅仅写了 5 个大字："看不起学校！"

在接受记者采访时，周同学陈述退学的理由是"学校的教育体制和教育模式太死板，太过模式化，我觉得那些东西没有太大的用处"。记得去年 9 月，清华大学计算机系在读博士王垠也向学校提出退学申请，在退学公开信中，王垠表示对学校博士培养模式不满，要求退学。两者的理由何其相似。

【5.3.2　第 2 题样文】

巴老

"自古逢秋悲寂寥，我言秋日胜春朝。横空一鹤排云上，便引诗情到碧霄。"这是刘禹锡对秋的诠释，立意独到。我也曾一直这样认为，只是这个秋季与往常不同。

从网上获悉了巴金去世的消息，我的第一反应仅仅是可惜——一位文坛巨匠的陨落。或许，巴金的影响力很大，迫使我从大大小小的网站去搜索有关他的生前生后。当绚丽的文字印入我的眼帘，真的是获益匪浅。

因为受到了 Love，认识了 Love，才知道把 Love 分给别人，才想对自己以外的人做一些事情。把我和这个社会联起来的也正是这个 Love 字，这是我的全性格的根底。

【5.3.3　第 3 题样文】

把梦想交给自己

[1]19 世纪初，美国一座偏远的小镇里住着一位远近闻名的富商，富商有个 19 岁的儿子叫伯杰。 一天晚餐后，伯杰欣赏着深秋美妙的月色。突然，他看见窗外的街灯下站着一个和他年龄相仿的青年，那青年身着一件破旧的外套，清瘦的身材显得很羸弱。他走下楼去，问那青年为何长时间地站在这里？

青年满怀忧郁地对伯杰说："我有一个梦想，就是自己能拥有一座宁静的公寓，晚饭后能站在窗前欣赏美妙的月色。可是这些对我来说简直太遥远了。"伯杰说："那么请你告诉我，离你最近的梦想是什么？""我现在的梦想，就是能够躺在一张宽敞的床上舒服地睡上一觉。"伯杰拍了拍他的肩膀说："朋友，今天晚上我可以让你梦想成真。"

---

[1]把梦想交给自己

于是，伯杰领着他走进了堂皇的公寓。然后把他带到自己的房间，指着那张豪华的软床说："这是我的卧室，睡在这儿，保证像天堂一样舒适。"第二天清晨，伯杰早早就起床了。他轻轻推开自己卧室的门，却发现床上的一切都整整齐齐，分明没有人睡过。伯杰疑惑地走到花园里。他发现，那个青年人正躺在花园的一条长椅上甜甜地睡着。 9/26/2007

【5.3.4 第 4 题样文】

慈母手中鞋

现在，如果需要鞋子，只要揣上钱进商场，皮鞋、棉鞋、凉鞋、运动鞋等，应有尽有，买一双穿上就是了。可小时候我们的脚上，除了一双粗伧的塑料凉鞋和一双草绿色的球鞋之外，其余的单鞋、棉鞋，大都是靠母亲的双手做出来的。母亲上有公婆，下有我们子女六个，白天要尽教书育人之责，夜晚要熬飞针走线之苦，其辛劳可想而知，诚如《诗经》语曰：棘心夭夭，母氏劬劳。

做鞋，先是要做好打麻线、糊骨子、做鞋帮等诸般事，其中最辛苦的是纳鞋底。

纳鞋底、绱鞋帮，都少不了要用麻线。母亲买来一坨杂乱纷披的苎麻，挂在帐钩上，用一个牛脚趾骨做成的骨陀螺开始打麻线。打麻线时，先把一根长长的苎麻一分为二拴在陀螺的铁丝钩上，然后转动陀螺，飞旋的陀螺很快就把这根麻条拧成了麻线；待到了这根麻条的末梢处，再从帐钩上扯下一缕麻条续上，再一手转动陀螺，一手高高地举起麻线；麻线打长了，再把拧成的麻线绕在陀螺的两边……如此这般，循环往复，经久不息，为做鞋备好了麻线。在我的记忆中，一年到头，稍有空闲，母亲总是手不停绩、眼不离针线的。

【5.3.5 第 5 题样文】

父亲的西装

父亲的衣着总是令我害臊。我希望他能穿得像个医生或律师，但是他永远是一条破旧的牛仔裤，一把折刀将裤袋撑得变形，胸前的口袋里乱七八糟地塞着铅笔、雪茄、眼镜、扳手、螺丝刀……

我渐渐成熟起来，认识到女孩们躲开我的原因并不在于我的父亲，而在于我本人。我明白了父亲那天其实是想告诉我，世上有比衣装更重要的东西。那个晚上，父亲讲了很多。他说他不能多花一个铜板在自己身上，因为他首先要满足我的愿望。"你是我的儿子，我做的牺牲，都是为了你能过得比我更好。"他这样讲道。在我高中的毕业典礼上，父亲穿了一套新西装。他看起来比平时高大了一些，更加潇洒，更加仪表堂堂。当他走过时，其他的父亲们纷纷为他让路。当然不是为了那套新西装，而是因为西装中的人。

【5.3.6　第 6 题样文】

牡丹的拒绝

一个又冷又静的洛阳，让你觉得有什么地方不对劲。你悄悄闭上眼睛不忍寻觅。你深呼吸掩藏好了最后的侥幸，姗姗步入王城公园。你相信牡丹生性喜欢热闹，你知道牡丹不像幽兰习惯寂寞，你甚至怀着自私的企图，愿牡丹接受这提前的参拜和瞻仰。

然而，枝繁叶茂的满园绿色，却仅有零零落落的几处浅红、几点粉白。一丛丛半人高的牡丹植株之上，昂然挺起千头万头硕大饱满的牡丹花苞，个个形同仙桃，却是朱唇紧闭，洁齿轻咬，薄薄的花瓣层层相裹，透出一副傲慢的冷色，绝无开花的意思。偌大的一个牡丹王国，竟然是一片黯淡萧瑟的灰绿……一丝苍白的阳光伸出手竭力抚弄着它，它却木然呆立，无动于衷。

【5.3.7　第 7 题样文】

朋友

Friend 是磁石吸来的铁片儿，钉子、螺丝帽和小别针，只要愿意，从俗世上的任何尘土里都能吸来。现在，街上的小青年有江湖意气，喜欢把 Friend 的关系叫“铁哥们”，第一次听到这么说，以为是铁焊了那种牢不可破，但一想，磁石吸的就是关于铁的东西呀。这些东西，有的用力甩甩就掉了，有的怎么也甩不掉，可你没了磁性它们就全没有喽！昨天夜里，端了盆热水在凉台上洗脚，天上一个月亮，盆水里也有一个月亮，突然想到这就是 Friend 么。我在乡下的时候，有过许多 Friend，至今二十年过去，来往的还有一二，八九皆已记不起姓名，却时常怀念一位已经死去的 Friend。我个子低，打篮球时他肯传球给我，我们就成了 Friend，数年间形影不离。

【5.3.8　第 8 题样文】

田一分钟能做多少事

思考你的人生：一分钟能做多少事？

“一分钟能做多少事情？很感谢你们配合我，给了这么多答案，很多是亲身体会，你们十分优秀。尽管如此，一分钟做的事情还是极其有限，我们不得不承认，一分钟过得太快，但是我们珍惜每一个一分钟，学会将其化零为整，那一分钟就能干出很多伟大的事情。因为生命是无数个一分钟组成，因为极限的挑战、纪录的刷新往往是在一分钟甚至几秒钟内完成的。这个道理再简单不过了。不过，能够将简单的道理一次次付诸行动，我们就会不简单。”美国专家用他那并不顺畅的汉语侃侃而谈。

台下无比寂静，大家似乎都屏住了呼吸，期待着更精彩的话语。

【5.3.9　第 9 题样文】

人生

人生，简要地来说，就是人一生的生命过程，也就是做人的过程。人好比海洋，辽阔深远，当人们驾驶着生命的小舟，在人生之海游弋的时候，人生之海时而风平浪静，云海沧茫，时而惊涛骇浪，波涛连天，生命有限人生无限，犹如沧海横流，永不停息。

岁月易逝，生命仓促，人生百年不过一瞬，终日经营的人们，再辛劳的也始终没有放弃对人生的追求，这个世界有多少人，就有多少种人生。你可以做一个虚伪的人，你可以做一个诚实的人，你可以做一个高尚的人，你可以做一个卑劣的人，你可以热衷于名利，你也可以对名利视为粪土。

人生有旭日初生的光辉，有一鸣惊人的潇洒，也有一失足成千古恨的叹息。那些为名利的，最后为了宦海沉浮而终日患得患失，泯灭人性也在所不惜，但结局都好像不是很妙，落下的只是千古骂名。

【5.3.10　第 10 题样文】

我的故乡情

我离开湖南老家三十年了，其间，回去了四次。这四次我都是清明节期间回去的，目的是看望故乡，给长辈扫墓。为什么我每隔几年要回去一次，这就是我对故乡、对故去的长辈有着深厚感情的缘故！

一九六二年至一九七三年，是我的青少年时期，也是我最痛苦、最艰难的时期。一九六二年以前，我的家庭是很美满的，我的童年是很幸福的。父亲是党的干部，母亲在农村务农，哥哥、姐姐，有的在外工作，有的在读大学，有的在读中学。

【5.3.11　第 11 题样文】

[2]想起母亲

如今的我，俨然已成为一名城市里的行走者。母亲也逐渐习惯了我每次离家的从容。每次远行，她从不替我收拾行囊，只是默默地看我将一切准备得妥妥当当后，再轻问我:“今天想吃什么饭?”好多年了也好多次了，我都习惯了这种方式，也习惯了从母亲做得很多样可口的永远吃不够的饭菜中挑出一种来告诉母亲，再顺从地静坐着，看着她一心一意地去做那顿佳肴。

[2]想起母亲

【5.3.12　第 12 题样文】

[3]两盆花

原先我是不喜欢养花养草的，且有一种偏见，总认为那是闲人们干的事。但一盆仙人球和一盆文竹却改变了我的看法。所以，我家现在就有两盆花被摆在客厅窗台上了。妻过去倒是养了一些胖娃娃、三叶草之类的花草，搬家时放在了旧宅。前几天，她终于忍不住将那盆最大的养了十来年的胖娃娃搬到新居里来了。我是今年春天搬的家。四五月份，到济南出差，就捎回来这文竹和仙人球。

我喜欢仙人球，也有几年的功夫了，虽然那时我并没有养过。它那一身令人敬畏的刺，罩在隐约露出的绿球体上，给人一种朦胧的感觉。可是当你靠近它，并想进一步触摸它时，就得小心了。它那硬硬的尖尖的刺，像一把把利剑倒插在那球体上，不能不令那些贪食者惧怕吧？况且它又是那么耐旱，几乎不需要什么营养，甚至连水分也是所需最少的了。任何生命，在它最初最小的时候都是可爱的，同时也是脆弱的。我的文竹买来的时候有三四枝，虽然都细细的，但在我的“照料”下，却只剩一枝了。妻说，你又不会养花，还弄这么娇弱的文竹。于是剪了枯枝，施水。不几天，令人惊喜的，从那些枯枝的下面就又长出了新枝。这新枝也不忙着舒展自己的叶片，展现自己的美容，它只是努力地生长，一味地往上伸展，直到超过了原有的那枝以后，才开始往四下的空间里铺去，将一片若有若无的绿云撑开来。

……

两盆花，两种人生。

参考：花的栽培方法

[3]荷花与莲花

【5.3.13　第 13 题样文】

我与鹦鹉的故事

因春节和禽流感想起了我养过的一只鹦鹉，翻开文章一看，发现早已写好了。今日就在此发一下如此旧作。

一个秋天金色的下午，一只绿毛红嘴的小鹦鹉落在我的窗台上，我和先生正在窗旁的桌子上看电脑。我被它的美丽和机警所吸引，开了窗让它进了屋。这是一只家鸟，不知是从什么人家跑出来的。它没有野外生存能力，我决定收养它。我立即把猫轰出了书房，把房门关上。不想谁推开了书房，守候在门口的猫一下子扑了进来，跳上了桌子，把小鸟惊得满屋子飞。我也吓坏了，只怕猫把鸟咬死了，抓了根棒子赶猫。把猫赶走就插紧了房门。以后的两天我就死守着书房门不让两只时刻瞄准着的猫钻空子。

笼子回家了，我想把它关进笼子，但我根本抓不到在书房里到处飞的它。当我把那只有鸟在里面的笼子放在地上，它很快就落下来围着笼子绕了好几圈，然后找着半开的门，自个钻进去了。从此两个鸟亲热得教人眼红，睡觉挤在一起，醒着也挤在一起。最奇怪的是，两个各闭着一只眼睛，一个闭左眼，一个就闭右眼，两只鸟将对外的两只眼睛睁着，互相贴着的那一面就都闭着眼。鸟对鸟的信任超过人与人，它们完全信任对方那只眼睛，两只鸟在一起用一双眼睛就够了。

【5.3.14　第 14 题样文】

母亲的泪...靳子龙摘抄整理

这段经历我一直想用文字记录下来，但一拖就是七年。

那年我还是新兵，在鲁西北大平原的一个县里当兵，当的是武警兵，每天的工作就是训练、上岗、看犯　。春天的一个午后，轮到我上岗，我背着枪站在哨位上，目光越过兵营的围墙，落在墙外那片柳树梢上，柳树透出一抹诱　的绿，轻风拂过，树梢随风拨起心中阵阵暖意。这是一个好天气，在这样的天气里上岗值勤，在我看来是一种享受，一切的劳累、困惑、苦恼都可以尽抛脑后。

几声清脆的汽车喇叭声打断了我的思绪。车上走下一对中年夫妇，连比划带解释累出满头大汗才让我听明白，他们是湖北　，是战友小程的父母。战友的父母来队，我也跟着欢喜，一个电话打过，小程飞一般闯到跟前。

“孩子，俺娃犯事进去了，俺想看看俺娃。”老　胆怯地问我，神情黯淡，迎着老　揪心痛的眼神，我告诉她这里有纪律，不能随便探视犯罪嫌疑　。解释已是多余，老太太“扑通”跪在了地上，那“扑通”一声震耳欲聋，风吹散了老　花白的头发，透过丝丝白发，我看到一滴混浊的泪顺着老　脸上的皱纹缓缓滑下，那一刻我潸然泪下。

【5.3.15　第 15 题样文】

中 国 北 方 首 屈 一 指 的 佛 教 寺 院

【地理位置】云岗石窟坐落在山西大同市西郊武周山南麓武周川峡谷北岸的悬崖上，它依山开凿，东西绵延约 1 公里。

【历史价值】云岗石窟不仅为研究我国古代雕刻、建筑、音乐以及佛教兴衰变迁提供了形象生动的资料，而且为追溯中国北方民族文化的融合和中西文化交流展示了实物佐证。

【建筑情况】云岗石窟是以北魏石窟群为主体的石窟，因此从它初建起，就对周围各地石窟有很大影响。

中国名窟

【5.3.16　第 16 题样文】

[4]拉萨

拉萨是西藏首府，地处西藏中部、拉萨河中游北岸的河谷平原上，海拔 3600 多米，是一个独具风格的高原城市。这里全年日照三千多小时，向有“日光城”之誉。拉萨，藏语是圣地、福地之意。两千年前的秦代，这里属古羌。西汉至唐宋，为吐蕃之地。公元 633 年，松赞干布迁都拉萨，在红山（今布达拉山）上开始兴建宫室。

公元 641 年，唐文成公主入西藏与松赞干布结亲，促进了汉藏民族文化交流。公元八世纪中叶，西藏吐蕃王朝内部矛盾激化，最终导致王朝崩溃，拉萨城日趋萧条。公元十三世纪，元统一中国，拉萨开始走上政教合一的道路，寺院大增，开发很快。

拉萨是西藏首府，地处西藏中部、拉萨河中游北岸的河谷平原上，海拔 3600 多米，是一个独具风格的高原城市。这里全年日照三千多小时，向有“日光城”之誉。拉萨，藏语是圣地、福地之意。两千年前的秦代，这里属古羌。西汉至唐宋，为吐蕃之地。公元 633 年，松赞干布迁都拉萨，在红山（今布达拉山）上开始兴建宫室。

[4]摘自《中华全景百卷书》

【5.3.17　第 17 题样文】

[5]故乡的白槐

父亲看病、去世使我家本已拮据的日子更加窘困。夏季里，姐姐用长竹竿在屋前屋后打落白槐树花，我拎着口袋跟在后面逐个儿捡。树多花密，集的树花卖了钱，凑起来够我入学的费用。后来，年关熬不过，母亲还是决计让人锯走了几棵白槐，换来清贫一家年里的饱暖与温馨。

母亲不愿离开那爿老屋。暮春时节，我回乡下探望她老人家，远远便听到清脆的狗吠。绿叶扶疏的大白槐树下，白发盈首的母亲从矮屋中蹒跚而出，将浑浊的目光迟疑地定位到狗吠的方向，我只在刹那间双眸润湿了。我忽然觉得，她和父亲不正像峻茂的白槐么？曾历沧桑，仍不失伟岸与慈祥，这大概就是我不能割舍的故乡情结吧。

听母亲说，屋子前后的树都是父亲早年栽植的。我确记得幼时的炎夏，中午全家人通常聚在门口的大白槐树下吃饭、避暑，这时姐弟中最小的我，就爱趁大家不注意，顽皮地一骨碌爬上高高的树桠，冲大家做鬼脸。父亲发现了，总要站起来训斥，却也只好让我踩着他的肩膀慢慢下来。可是，就在那些年月的一个初冬，父亲染了病，最终与祖父同年永远离开了我们！当时暮色低沉，门前的大白槐树下不知什么时候已停放着一口乌漆的棺材，母亲早已失声，伫在一旁不停地抹眼泪，而不谙世事的我只是拽着她的衣角，不知所措地望着她。

---

[5]摘自《中华全景百卷书》

【5.3.18　第 18 题样文】

豆浆、豆腐好营养

豆浆是豆腐的同胞弟兄。欧洲科学家认为，豆浆是获得新的营养平衡的有效方法，与牛奶相比，其蛋白质和各种维生素含量与牛奶相似，但脂肪却只有牛奶的三分之一、铁质比牛奶高十倍以上，价格比牛奶便宜得多。豆腐，系豆浆浓缩而成，营养价值更高。在国外，豆腐被列入荤菜之中，称“豆腐肉”或“植物肉”。

据说，宋代大诗人陆游每天清早都要煮一锅豆腐汤，有时放些肉，用以招待客人。清代文人袁枚称豆腐“精美无双，远胜燕窝”。

【5.3.19　第 19 题样文】

科普小知识

故乡的山茶花

茶山的茶花是美丽的，茶场的人心像茶花一样，也是美丽的。男女老少对我的真挚情感犹如美丽的茶花，温暖感人。第二年的三月，茶场采春茶了。摘茶叶是一件非常细致又十分讲究技巧的事。为了有个好收成，邻近的每个生产队都挑选出手脚麻利的采茶能手来山上帮忙。来帮忙的人中，有一位十五、六岁的小姑娘，模样很漂亮，又特别能干。她走起路来，唱起歌来，说起话来，总是像茶花一样，给人一种优美、亲切、甜蜜的感觉。她本是上学的年龄，但当时农村的教育条件跟不上，小学毕业后，就只好在家从事农业劳动。她凭借自己天生的灵巧，练就了一手好的采茶本领。她的三哥是大队的团支部书记，我是副书记，我们关系很好。可能是她三哥和我的缘故吧，小姑娘跟我也很熟悉、很随便。我们见面，她总是“祥哥”、“祥哥”的，喊得非常清脆、甜蜜。她这次上茶山来，我常逗她，喊她“小茶花”，她总是应答一声“唉”，声音甜润悦耳。她常常和同伴一起到我那里坐坐，聊聊。有一天，我把几件破衣服拿来缝补。长一针，短一针，衣服没补好几处，左手食指被针扎得满是针口，血迹斑斑。她和她的同伴看到我笨手笨脚的模样，哈哈大笑。她笑着说“笨蛋祥哥，拿来吧，我给你补了”。自从那以后，缝补的事，基本上是她们给我包了。

【5.3.20　第 20 题样文】

[6]黑　龙　江

黑龙江从源地至爱辉附近的结雅河口为上游，长约 900 公里，其中漠河以上河段，因大兴安岭逼近江岸，两岸陡峻，江面比较狭窄，滩多流急，河道弯曲。“八十里湾子”是三卡上游 14 公里处黑龙江著名的两大河曲，江水在这里甩了两个大弯儿，呈“s”状，全长 40 公里，河水却在河曲中流，经历了东南西北四个方向。中游段长约 1000 公里，河谷逐渐开阔，在爱辉以下的松花江入流附近，江面宽达 200～2000 米，水量增多。抚远以东，江面宽达 4000 米，沿岸地势低平，河床坡度很小，河道蜿蜒曲折，江中沙洲相连，水流变缓。

[6]摘自《中华全景百卷书》

5.4　Word 表格编辑

5.4.1　第 1 题

打开素材文件夹下的“图书卡.doc”文档，参照“5.4.1 样文”，按要求完成文档的编辑，完成后以“试题 5.4.1.doc”为名保存至考生文件夹。

(1) 参照样文将文字转换为一个 3 行 3 列的表格；参照样文绘制斜线表头式样一，字号为五号。

(2) 参照样文，输入标题“借出日期”、“还书日期”，并设置此标题文字为黑体小四号，中部居中对齐。

(3) 参照样文并输入文字“图书借阅者人数”。在表末添加 10 个空表行，最后一行二、三列合并单元格。

(4) 参照样文求出借阅者人数填写在表中。

(5) 为表格自动套用格式“古典型 2”。

5.4.2　第 2 题

打开素材文件夹下的“一月份各车间产品合格情况.doc”文档，参照“5.4.2 样文”，按要求完成文档的编辑，完成后以“试题 5.4.2.doc”为名保存至考生文件夹。

(1) 参照样文，合并单元格，删除空白列。

(2) 参照样文，表格外框线应用第七根线、玫瑰红、0.75 磅，内框线用第一根线、玫瑰红、1 磅。

(3) 利用自动调整，使表格平均分布各行。

(4) 设置表格居中，表内数据中部居中。

5.4.3　第 3 题

打开素材文件夹下的“利润表.doc”文档，参照“5.4.3 样文”，按要求完成文档的编辑，完成后以“试题 5.4.3.doc”为名保存至考生文件夹。

(1) 参照样文，合并单元格。

(2) 参照样文，表格外框线应用第十七根线、3 磅，内框线用第一根线。

(3) 设置表格行、列标题为浅青色，表内数据居右对齐。

(4) 设置表格行高为 1 厘米。

5.4.4　第 4 题

打开素材文件夹下的“销售情况表.doc”文档，参照“5.4.4 样文”，按要求完成文档的编辑，完成后以“试题 5.4.4.doc”为名保存至考生文件夹。

(1) 参照样文，将文字转换为四行五列表格。

(2) 参照样文，表格外框线应用第九根线、3 磅，内框线用第二根线、1.5 磅。

(3) 利用公式，计算利润(利润=销售额- 成本)。

(4) 将表格依据利润升序排序。

(5) 删除利润率列。

5.4.5 第5题

打开素材文件夹下的“产品销售表.doc”文档，参照“5.4.5 样文”，按要求完成文档的编辑，完成后以“试题 5.4.5.doc”为名保存至考生文件夹。

(1) 参照样文，为表格添加表格标题“某公司上半年销售情况表(单位万)”。

(2) 参照样文，为表格添加表格线，表格居中。

(3) 将表格依据六月销售额降序排序。

(4) 设置行、列标题单元格底色为褐色、文字为白色。

5.4.6 第6题

打开素材文件夹下的“表格.doc”文档，参照“5.4.6 样文”，按要求完成文档的编辑，完成后以“试题 5.4.6.doc”为名保存至考生文件夹。

(1) 将文字转换为表格。

(2) 设置表格列宽为 3 厘米、行高为 1 厘米，表内文字宋体、四号。

(3) 表内数据靠右居中，表格对齐方式为居中。

(4) 表格套用自动套用格式“古典型 2”。

(5) 根据内容调整适合单元格大小的表格。

5.4.7 第7题

打开素材文件夹下的“应聘登记表.doc”文档，参照“5.4.7 样文”，按要求完成文档的编辑，完成后以“试题 5.4.7.doc”为名保存至考生文件夹。

(1) 参照样文，合并单元格，调整列线。

(2) 参照样文，拆分表格，删除空白表。

(3) 参照样文，拆分单元格，调整列宽。

(4) 表格套用自动套用格式“网页型 1”。

5.4.8 第8题

打开素材文件夹下的“学历分布情况.doc”文档，参照“5.4.8 样文”，按要求完成文档的编辑，完成后以“试题 5.4.8.doc”为名保存至考生文件夹。

(1) 参照样文，删除空白表行。

(2) 将第一行第二个单元格，拆分为一行两列，删除第三列。

(3) 表格排序，依据“姓名”按拼音类型升序排。

(4) 利用自动调整将表格各列平均分布。

(5) 表格内数据水平居中，表格中部居中。

5.4.9 第 9 题

打开素材文件夹下的“回执表.doc”文档，参照“5.4.9 样文”，按要求完成文档的编辑，完成后以“试题 5.4.9.doc”为名保存至考生文件夹。

(1) 参照样文，利用文字与表格转换，将文字转换为四行八列表格，分隔符为逗号。

(2) 参照样文，表格外框线应用第九根线、3 磅，内框线用第二根线、1.5 磅。

(3) 参照样文合并单元格。

(4) 表格内数据垂直居中，表格中部居中。

5.4.10 第 10 题

打开素材文件夹下的“商业发票.doc”文档，参照“5.4.10 样文”，按要求完成文档的编辑，完成后以“试题 5.4.10.doc”为名保存至考生文件夹。

(1) 参照样文合并单元格，列标题黑体、四号。

(2) 依据单价对整个表格进行升序排序，并依次填入货号。

(3) 参照样文为表格填充单元格底纹颜色，字体为白色。

(4) 表格内数据中部居中，表格对齐方式居中。

5.4.11 第 11 题

打开素材文件夹下的“联系方式.doc”文档，参照“5.4.11 样文”，按要求完成文档的编辑，完成后以“试题 5.4.11.doc”为名保存至考生文件夹。

(1) 对现有素材进行修改，使其利用表格“转换”功能，将文字转换成表格。

(2) 依据“招生站”按拼音类型对整个表格进行降序排序。

(3) 参照样文，在表格左侧插入空白列，输入“编号”。

(4) 依据排序结果，在编号列输入相应序号。

(5) 调整表格各列的列宽，使其列宽与单元格相适合。

(6) 取消表格外部框线，并显示虚框。

5.4.12 第 12 题

打开素材文件夹下的“维护计划.doc”文档，参照“5.4.12 样文”按要求完成文档的编辑，完成后以“试题 5.4.12.doc”为名保存至考生文件夹。

(1) 对现有素材进行修改，使其利用表格“转换”功能，将文字转换成表格。

(2) 依据科室，对整个表格进行降序排序。

(3) 参照样文，在表格左侧插入空白列，输入“编号”。

(4) 依据排序结果，在编号列输入相应序号。

(5) 利用表格“自动调整”功能，使其表格列宽与内容相适应。

(6) 取消表格外部框线，并显示虚框。

5.4.13 第 13 题

打开素材文件夹下的“职员登记表.doc”文档，参照“5.4.13 样文”，按要求完成文档的编辑，完成后以“试题 5.4.13.doc”为名保存至考生文件夹。

(1) 参照样文，利用文字与表格转换，将文字转换为六行五列表格，分隔符为逗号。

(2) 参照样文，表格外框线应用第九根线、3 磅，内框线用第二根线，1.5 磅。

(3) 表格内数据垂直居中，表格中部居中。

(4) 调整表格各列的列宽，使其列宽与单元格相适合。

5.4.14 第 14 题

打开素材文件夹下的“基金使用情况表.doc”文档，参照“5.4.14 样文”，按要求完成文档的编辑，完成后以“试题 5.4.14.doc”为名保存至考生文件夹。

(1) 设置表标题文字“基金使用情况”为黑体，二号字，居中对齐；设置表内文字为四号。

(2) 设置表格列宽为“根据内容调整表格”。

(3) 将最后一行的右边的三个单元格合并为一个单元格。

(4) 利用公式计算小计填入表中，并设置数据格式为货币格式，其中支出项要减去，奖励项要加入。

(5) 设置表格水平居中，表中文字垂直且水平居中对齐,表中数值数据右对齐。

5.4.15 第 15 题

打开素材文件夹下的“文字录入记录表.doc”文档，参照“5.4.15 样文”，按要求完成文档的编辑，完成后以“试题 5.4.15.doc”为名保存至考生文件夹。

(1) 设置表标题文字：黑体，二号，海绿色。

(2) 参照样文为表格设置表格线，宽度为 1.5 磅。

(3) 参照样文设置表格框线，边框线颜色为桔黄色。

(4) 在选手编号为 006 的学生数据行下。

(5) 方添加一个新表行并输入数据“007，王熙凤，48”。

(6) 设置表内数据中部居中，文字大小为四号。

(7) 参照样文，在表后添加表行，并使用公式计算平均录入速度

5.4.16 第 16 题

打开素材文件夹下的“课程安排表.doc”文档，参照“5.4.16 样文”，按要求完成文档的编辑，完成后以“试题 5.4.16.doc”为名保存至考生文件夹。

(1) 设置表标题文字：黑体，三号，海绿色。

(2) 参照样文为表格设置表格线，宽度为 1.5 磅。

(3) 参照样文设置表格框线，边框线颜色为桔黄色

(4) 设置表内数据中部居中，文字大小为四号。

(5) 参照样文在表后添加表行，并使用公式计算平均录入速度。

5.4.17　第 17 题

打开素材文件夹下的“代课安排表.doc”文档，参照“5.4.17 样文”，按要求完成文档的编辑，完成后以“试题 5.4.17.doc”为名保存至考生文件夹。

(1) 设置表标题文字：黑体，三号，海绿色。

(2) 对现有素材进行修改，使其利用表格“转换”功能，将文字转换成表格。

(3) 调整表格各列的列宽，使其列宽与单元格相适合。

(4) 设置表内数据中部居中，文字大小为小四号。

(5) 参照样文在表后添加表行，并使用公式统计专业个数。

5.4.18　第 18 题

打开素材文件夹下的“考试安排表.doc”文档，参照“5.4.18 样文”，按要求完成文档的编辑，完成后以“试题 5.4.18.doc”为名保存至考生文件夹。

(1) 设置表标题文字：黑体，三号，玫瑰红。

(2) 设置表内数据中部居中，文字大小为四号。

(3) 参照样文，表格外框线应用第九根线、3 磅，内框线用第二根线、1.5 磅，桔黄色。

(4) 设置表格对齐方式为居中。

5.4.19　第 19 题

打开素材文件夹下的“损益表.doc”文档，参照“5.4.19 样文”，按要求完成文档的编辑，完成后以“试题 5.4.19.doc”为名保存至考生文件夹。

(1) 设置表标题文字：隶书，二号，蓝色。

(2) 第二行标题：宋体，四号，蓝色。

(3) 利用转换功能，将文字转换为表格，分隔符为“制表位”。

(4) 利用自动调整，根据内容调整表格。

(5) 设置表格列标题蓝色底纹、字体白色，表格内线为白色。

(6) 利用公式计算本月数的主营业务利润

主营业务利润 = 主营业务收入 – 主营业务成本 – 销售费用 – 销售税金及附加

(7) 利用公式计算本年累计数的主营业务利润。

主营业务利润 = 主营业务收入 – 主营业务成本 – 销售费用 – 销售税金及附加

5.4.20　第 20 题

打开素材文件夹下的“博文中学教师花名册.doc”文档，参照“5.4.20 样文”，按要求完成文档的编辑，完成后以“试题 5.4.20.doc”为名保存至考生文件夹。

(1) 设置表标题文字：隶书，二号，蓝色，居中。

(2) 参照样文删除空白行和空白列。

(3) 为表格添加表格外框线，使其完整显示，表内文字大小为四号，内容中部居中。

(4) 参照样文在表末添加表行，合并前三单元格，输入“平均值”。

(5) 利用公式计算年龄、评教成绩的平均值。

【5.4.1　第 1 题样文】

TP312
324　　Visual Basic 6.0 编程教程

项目 / 读者	借出日期	还书日期
张三	2000/4/10	2000/5/7
李四	2001/8/2	2001/10/9
图书借阅者人数	2	

京京图书馆

【5.4.2　第 2 题样文】

一月份各车间产品合格情况

车间	总产品数（件）	不合格产品（件）	合格率（%）
第一车间	4856	12	99.75%
第四车间	5364	55	98.97%
第二车间	6235	125	97.99%
第三车间	4953	88	98.22%
第五车间	6245	42	99.32%

【5.4.3　第 3 题样文】

利润表

方案	市场情况	2003 年		2004 年	
		概率	利润(元)	概率	利润(元)
甲方案	良好	50%	60000	60%	100000
	一般	20%	40000	20%	80000
	较差	30%	40500	20%	70000
乙方案	良好	20%	38000	30%	60000
	一般	50%	45000	30%	50000
	较差	30%	69000	40%	40000

【5.4.4 第 4 题样文】

宏发公司上半年各部门销售情况表

部门	销售额	成本	利润
乙	638000	615000	23000
甲	658000	632000	26000
丙	693000	665000	28000

【5.4.5　第 5 题样文】

某公司上半年销售情况表（单位万）

产品	一月	五月	三月	四月	二月	六月
空调	568	882	678	686	653	982
微波炉	744	499	586	686	903	486
洗衣机	356	386	376	403	586	443
热水器	107	205	231	268	185	368
彩电	456	284	235	321	789	301
冰箱	68	202	158	188	98	300

【5.5.6 第 6 题样文】

城市名	区号	邮编
北京	010	100000
太原	0351	030000
沈阳	024	110000
苏州	0512	215000
杭州	0571	310000

【5.4.7 第 7 题样文】

应 聘 登 记 表

<table>
<tr><td>姓名</td><td></td><td>性别</td><td></td><td>年龄</td><td></td></tr>
<tr><td>最高学历</td><td></td><td>英语水平</td><td></td><td>联系方式</td><td></td></tr>
<tr><td>学习工作经历</td><td colspan="5"></td></tr>
<tr><td>起始日期</td><td></td><td>所在单位（学校）</td><td></td><td>具体职责</td><td></td></tr>
</table>

【5.4.8 第 8 题样文】

红杏电脑学校教师学历分布情况

姓名	性别	所教专业	学历
丁一飞	男	网页制作	本科
李秋红	女	办公软件	大专
刘畅	女	网页制作	研究生
孙江海	男	组装维修	大专

【5.4.9　第 9 题样文】

《新家庭》杂志社会员回执表

姓名		性别		学历		年龄	
工作单位						职业	
通讯地址		邮编		卡号		电话	

【5.4.10　第 10 题样文】

商业发票

客户名称：

货号	品名规格	单位	数量	单价	金额
1	众成	元	10	12	
2	瑞达	元	1	70	
3	立志	元	4	80	
4	伟成	元	2	120	

【5.4.11　第 11 题样文】

恒大中学各地招生站及联系方式

编号	招生站	地址	联系电话
1	西华	箕城宾馆 102 室	2531717
2	太康	县委招待所 212 室	6827309
3	沈丘	良友宾馆 201 室	5102955
4	商水	烟草宾馆 302 室	5455469
5	郸城	烟草宾馆 205 室	3218755
6	川汇区	永安大厦 505 室	8286176

【5.4.12　第 12 题样文】

宏达机械厂办公楼日常维护计划

编号	科室	任务	频率
1	销售科	给室内植物浇水	每周一次
2	人事科	擦拭办公室/计算机设备	每月一次
3	防汛科	清空垃圾桶	每周一次
4	财务科	清除垃圾	每日一次
5	保卫科	用吸尘器清洁地板	每周一次

【5.4.13　第 13 题样文】

伟发实业有限公司职员登记表

业务员编号	性别	年龄	籍贯	工资
001	男	22	河北	800
002	女	21	河南	1000
008	男	28	湖南	1100
120	男	21	河南	1000
135	女	29	山西	900

【5.4.14　第 14 题样文】

基金使用情况表

项目	金额（元）	日期	备注
上年结余	12600	2002 年 1 月	
支出	2000	2002 年 5 月	春游
支出	600	2002 年 6 月	茶话会
奖励	500	2002 年 7 月	先进集体
支出	1000	2002 年 9 月	教师节活动
小计	￥9,500.00		

【5.4.15　第 15 题样文】

文字录入成绩记录表

选手编号	选手姓名	录入速度(字数/分钟)
001	马光	96
002	王哲	89
003	邓宝	110
004	冯涛	81
005	史文虎	69
006	马一光	43
007	王熙凤	48
合计		76.57

【5.4.16　第 16 题样文】

豫水电校 98 工程测量与规划专业 2004 学年度课程安排表

课程名称	人数	课时
工程测量	100	180
城镇规划	120	200
英语	132	232
测量平差	156	196
仪器检修	168	190
平均值	135.2	199.6

【5.4.17　第 17 题样文】

城建学校 2004 年第二学期代课安排表

代课教师姓名	专业	代课班数	课程名称
格式	2004 工测规划	3	工程测量
王珂	2004 计算机	6	计算机编程
乐音	2004 水质环保	4	高等数学
天南	2004 水建	5	建筑制图
成燕	2004 机电	2	电工
江珊	2004 财经	4	财会电算化
统计专业个数		6	

【5.4.18　第 18 题样文】

河海大学应用商学系 2004 年 8 月 3 日考试安排表

时间	一年级	二年级
8：00-9：00	人际关系与沟通技巧	服务业管理
9：00-10：00	总体经济学	电子商务
10：00-11：00	财会电算化	计算机编程
2：30-3：30	国际企业管理	法律与生活
3：30-4：30	广告学	税务法规

【5.4.19　第 19 题样文】

损　益　表

编制单位：　　年　　　　月　单位：元

项　　目	行次	本月数	本年累计数
一、主营业务收入	1	3,066,368.85	18,996,023.65
减：主营业务成本	2	2,065,186.53	13,498,675.25
销售费用	3	1,236.00	6,573.00
销售税金及附加	4	88,456.96	123,567.87

【5.4.20 第 20 题样文】

博文中学教师花名册

编号	姓名	性别	年龄	评教成绩	担任科目
001	王志瑛	女	34	78	初一（1）班语文
002	刘美利	女	32	77	初二（1）班语文
003	康林林	男	35	78	初一（1）班数学
004	时友谊	男	32	85	初二（1）班数学
005	孙玟	女	29	69	初三（1）班语文
007	路遥	女	36	84	初一（2）班语文
008	叶春华	女	31	82	初二（2）班语文
009	林辉	男	33	88	初一（2）班数学
010	王付生	男	32	74	初二（2）班数学
011	李清岚	女	32	64	初三（2）班语文
平均值			32.6	77.9	

第 6 章　Excel 2003

6.1　选　择　题

1．Excel 中的工作簿(　)。

(A) 指的是一本书　　(B) 是一种记录方式

(C) 就是 Excel 的文档　　(D) 是 Excel 的归档方式

2．Excel 工作表的列标表示为(　)。

(A) 1,2,3　　(B) A,B,C

(C) 甲,乙,丙　　(D) Ⅰ,Ⅱ,Ⅲ

3．在 Excel 2003 中新建一个工作簿，默认的工作表的个数为(　)。

(A) 3　　(B) 5

(C) 255　　(D) 256

4．Excel 2003 的每一个工作簿可包含(　)工作表。

(A) 最多 256 个　　(B) 任意多个

(C) 最多 128 个　　(D) 最多 255 个

5．在 Excel 2003 中，一个工作表最多可以有(　)列。

(A) 254　　(B) 255

(C) 256　　(D) 257

6．在 Excel 2003 中，一个工作表最多可以有(　)行。

(A) 255　　(B) 256

(C) 65535　　(D) 65536

7．下面说法不正确的是(　)。

(A) 每一个工作表都是由单元格组成的

(B) 当前工作表只能有一个

(C) Excel 为每个新工作簿创建 3 张工作表

(D) 一个工作簿最多能包含 256 个工作表

8．Excel 的应用范围有(　)。

(A) 制作普通表格　　(B) 关联数据以及图表应用

(C) 进行数据库的基本操作　　(D) 以上都是

9．在 Excel 中，工作表的标签在屏幕的下方，活动工作表(　)。

(A) 的上方　　(B) 的下方

(C) 可以多于一个　　(D) 只能一个

10．首次启动 Excel 2003 后，在标题栏显示的新建工作簿的名字默认为(　)。

(A) 文档 1　　(B) Shift1

(C) Book1　　(D) 未命名

11．以下关于 Excel 的叙述中，只有(　)是正确的。

(A) Excel 将工作簿的每一张工作表分别作为一个文件来保存

(B) Excel 工作表的名称由文件名决定

(C) Excel 的图表必须与生成该图表的有关数据处于同一张工作表中

(D) Excel 允许同时打开多个工作簿文件进行处理

12．在 Excel 2003 中，若按默认状态保存新建工作簿文件后，则所保存的工作簿文件全名应为(　)。

(A) Book1.xml　　(B) Book1.xls

(C) Book1.exc　　(D) Book1.xlt

13．在 Excel 2003 中，当第一次保存工作簿时，其默认的保存位置为(　)。

(A) 共享文档　　(B) 桌面

(C) 我的文档　　(D) 我的电脑

14．在 Excel 2003 中，按(　)键会出现“Microsoft Excel 帮助”。

(A) F1　　(B) F2

(C) F3　　(D) F5

15．在 Excel 2003 中，将下列概念按由大到小的次序排列，正确的次序是(　)。

(A) 工作表、工作簿、单元格　　(B) 工作簿、工作表、单元格

(C) 工作簿、单元格、工作表　　(D) 工作表、单元格、工作簿

16. 在 Excel 2003 中，假设某工作簿有 10 张工作表，它们的标签分别为 sheet1～sheet10。若当前工作表为 sheet5，将该表复制一份到 sheet8 之前，则复制的表标签为(　)。

(A) sheet5(2)　　(B) sheet7(2)

(C) sheet8(2)　　(D) sheet5

17. 用鼠标左键先单击第一张表标签，再按住 Shift 键后单击第四张表标签，则选中(　)张工作表。

(A) 0　　(B) 1

(C) 3　　(D) 4

18．要在 Excel 工作簿中同时选择多个不相邻的工作表，可以在按住(　)键的同时依次单击各个工作表的标签。

(A) Shift　　(B) Ctrl

(C) Alt　　(D) ESC

19．选中 Excel 工作表里的 A1 单元格，用鼠标单击常用工具栏里的复制按钮，就会在 A1 周围出现闪动的虚线框。若要取消该虚线框，只需按(　)键即可。

(A) Tab　　(B) Enter

(C) Ctrl　　(D) 空格

20．在 Excel 中，选择多个不连续的单元格，只要按住(　)键的同时选择各单元格。

(A) Shift　　(B) Ctrl

(C) Alt (D) Ctrl+Shift

21．在 Excel 2003 中，若想使 A1 单元格为活动单元格，可以按(　)键。

(A) Home (B) Shift+Home

(C) Ctrl+Home (D) Alt+Home

22．在 Excel 中，用鼠标拖曳方法复制单元格时，应按下(　)键。

(A) Shift (B) Ctrl

(C) Alt (D) Space

23．打算用鼠标拖曳的方法把 Excel 工作表里 A3 单元格内容移动到 A5，正确的操作是将光标移到(　)。

(A) A3 里面，按住鼠标左键不放，拖曳到 A5 时松手

(B) A3 里面，按住鼠标右键不放，拖曳到 A5 时松手

(C) A3 边框，按住鼠标左键不放，拖曳到 A5 时松手

(D) A3 边框，按住鼠标右键不放，拖曳到 A5 时松手

24．在 Excel 2003 中插入一个单元格时，在弹出的“插入”单元格对话框中默认选项是(　)。

(A) 活动单元格右移 (B) 活动单元格下移

(C) 整行 (D) 整列

25．在 Excel 中，工作表的单元格中(　)。

(A) 只能包含数字 (B) 只能包含文字

(C) 可以是数字、字符、公式等 (D) 以上都不是

26．向单元格输入内容后，在没有任何设置的情况下(　)。

(A) 全部都是左对齐 (B) 全部都是右对齐

(C) 数字、日期右对齐 (D) 随机

27．在 Excel 2003 中，往 A1 单元格中输入字符串时，其长度超过 A1 单元格的显示长度，若 B1 单元格为空，则字符串的超出部分将(　)。

(A) 被截断删除 (B) 作为另一个字符串存入 B1 中

(C) 继续超格显示 (D) 显示#######

28．在 Excel 2003 中，若要将 20080808 作为文本型数据输入到单元格，应输入(　)。

(A) /20080808 (B) '20080808

(C) ‘20080808’ (D) +20080808

29．若要在 Excel 单元格中输入当天的日期，可以按(　)键。

(A) Ctrl+空格 (B) Ctrl+,

(C) Ctrl+; (D) Ctrl+:

30．若要在 Excel 单元格中输入当前的时间，可以按(　)键。

(A) Ctrl+ > (B) Ctrl+<

(C) Ctrl+: (D) Ctrl+空格

31．在 Excel 2003 中，若 C1 单元格没有设置单元格格式，向其中输入“07/10/1”后按 Enter 键，则 C1 单元格内显示(　)。

(A) 0.7 (B) 10/7

(C) 2007-10-1　　(D) 07/10/1

32．在 Excel 单元格中可以用“/”分隔日期，如 1/10 表示 1 月 10 日，为了将分数 1/10 与日期 1/10 区分开来，在输入分数时，应先输入(　)。

(A) 0　　(B) 空格和 0

(C) 空格　　(D) 0 和空格

33．在 Excel 单元格中输入负数时，可以用“-”开始，也可以采用(　)的形式。

(A) 用[ ]括起来　　(B) 用< >括起来

(C) 用( )括起来　　(D) 用{ }括起来

34．在 Excel 工作表 A 列的单元格 A2 和 A3 中分别输入 12 和 13，然后选定区域 A2：A3，用鼠标左键按住填充柄(填充点)拖曳到单元格 A6，在区域 A4：A6 得到数据顺序为(　)。

(A) 12 12 12　　(B) 13 13 13

(C) 25 25 25　　(D) 14 15 16

35．下面根据优先级排列的算术运算符是(　)。

(A) +, -, *, /　　(B) /, *, + , -

(C) -, +, /, *,　　(D) *, /, +, -

36．若在一个单元格中输入“＝10^3”，则单元格显示的结果是(　)。

(A) 10^3　　(B) 1000

(C) 100　　(D) =10^3

37．对于数据图表，下列说法正确的是(　)。

(A) 独立式图表与数据源工作表毫无关系

(B) 独立式图表是将工作表和图表分别存放在不同的工作表中

(C) 独立式图表是将工作表数据和相应图表放在不同的工作簿中

(D) 当工作表中的数据改动时，独立式图表不能自动更新

38．在 Excel 2003 中，对一个工作表排序时，下列说法中哪一条是错误的(　)。

(A) 最多只能指定 3 个关键字排序

(B) 可以按指定的关键字递增排序

(C) 可以按指定的关键字递减排序

(D) 可以指定工作表中的任意个关键字排序

39．在 A1 单元格中输入“=SUM(C3：E4，E5：F6)”后按 Enter 键，则 A1 中存放了(　)个单元格内容的和。

(A) 4　　(B) 6

(C) 8　　(D) 10

40．已知 A1，B1 单元格中已分别输入数据 1，2，C1 中已输入公式=A1+B1，其他单元格均为空。若把 C1 单元格中的公式复制到 C2，则 C2 显示为(　)。

(A) 0　　(B) 3

(C) A1+B1　　(D) 2

41．单元格 A1 输入了数值 70，单元格 B1 存放了公式“=IF(A1>100，"A"，IF(A1>85，"B"，IF(A1>60，"C"，"D")))”，那么 B1 显示的是(　)。

(A) A　　(B) B

(C) C　　　　(D) D

42．若向 A1 单元格内输入函数=IF(2+9/3>1+2*3，"对"，"错")，则确认后 A1 单元的结果为(　)。

(A) 对　　　　(B) 错

(C) #VALUE!　　　　(D) #REF!

43．在 Excel 中，当只复制某一单元格的公式而不复制该单元格的格式到另一个单元格时，在选择“编辑”菜单的“复制”命令后，选中目标单元格，选择“编辑”菜单的(　)命令。

(A) 粘贴　　　　(B) 选择性粘贴

(C) 剪切　　　　(D) 无法实现

44．在 Excel 工作表第 D 列第 4 行交叉位置处的单元格，其绝对单元格名应是(　)。

(A) D4　　　　(B) $D4

(C) D$4　　　　(D) D4

45．若在 sheet2 的 C1 单元格内输入公式，需要引用 sheet1 中 A2 单元格的数据，正确引用为(　)。

(A) sheet1A2　　　　(B) sheet1(A2)

(C) sheet1!A2　　　　(D) sheet1!(A2)

46．在 Excel 中，数据库实际上就是(　)。

(A) 工作表中的一个区域　　　　(B) 工作组

(C) 工作表　　　　(D) 工作簿

47．对于 Excel 数据库，排序是按照(　)来进行的。

(A) 记录　　　　(B) 字段

(C) 单元格　　　　(D) 工作表

48．在 Excel 菜单“工具”的“选项”对话框里，选择“编辑”标签，设定小数位数为“2”，那么在单元格里输入 34，实际结果为(　)。

(A) 34　　　　(B) 3400

(C) 34.00　　　　(D) 0.34

49．将所选多列调整为等列宽，最快的方法是(　)。

(A) 直接在列标处用鼠标拖动至等列宽

(B) 选择菜单“格式”中的“列”项，在弹出的对话框中输入列宽值

(C) 无法实现

(D) 选择菜单“格式”中的“列”项，在子菜单中选择“最合适列宽”项

50．在编辑工作表时，将第 3 行隐藏起来，编辑后打印该工作表时，对第 3 行的处理为(　)。

(A) 不打印第 3 行　　　　(B) 打印第 3 行

(C) 不确定　　　　(D) 都不对

6.2 Excel 工作簿操作

6.2.1 第 1 题

在 Excel 中打开素材文件 6.2-1.xls，参照样文，按要求完成工作表的编辑，然后以“试题 6.2-1.xls”为名保存到考生文件夹中。

(1) 在工作表最左侧插入一列，在表头的单元格输入“序号”，并在此列其他单元格输入如样文所示的顺序数字；去除 Sheet1 中 B3:G11 区域的底纹。

(2) 将标题单元格区域 A1:G2 合并居中，字号 20 号，隶书；表头格式：楷体，深蓝色，浅黄色底纹；表格中各单元格数据水平居中对齐；表格线外边框及内部均细实线蓝色。

以上操作见【6.2.1 A 第 1 题样文】。

(3) 为“姓名”一列中“张平”单元格插入批注“优秀员工”。

(4) 将 Sheet1 工作表重命名为“职员表”，并将此工作表复制到 Sheet2 工作表中。

(5) 在 Sheet2 中设置标题和表头行为打印标题。

(6) 利用“应发工资”列的数据，在“职员表”中创建一个簇状柱形图，见【6.2.1 B 第 1 题样文】。

6.2.2 第 2 题

在 Excel 中，打开素材文件 6.2-2.xls，参照样文，按要求完成工作表的编辑，然后以“试题 6.2-2.xls”为名保存到考生文件夹中。

(1) 在标题下插入一行，行高为 9；将表格中“合肥”一行移至“兰州”一行下方；删除“服装”右侧的列(空列)。

(2) 将标题单元格区域 B2:F2 合并居中，字号 14，黑体，绿色；表头格式：楷体，浅黄色底纹，水平居中对齐；表格外边框为样式中的第二列第五行，内部为样式中的第一列第三行。

以上操作见【6.2.2 A 第 2 题样文】

(3) 在 D8 单元格插入批注“最底”。

(4) 将 Sheet1 工作表重命名为“消费水平调查”，并将此工作表复制到 Sheet2 工作表中。

(5) 在 Sheet2 工作表的行号为 8 的一行前插入分页线；设置标题和表头行为打印标题。

(6) 利用“2006 年部分城市消费水平调查(最高为 100)”中的数据，在“消费水平调查”中创建一个簇状柱形图，见【6.2.2 B 第 2 题样文】。

6.2.3 第 3 题

在 Excel 中，打开素材文件 6.2-3.xls，参照样文，按要求完成工作表的编辑，然后以“试题 6.2-3.xls”为名保存到考生文件夹中。

(1) 将表格上方的一行(空行)和最左侧的一列(空列)删除；将“总计 TOTAL”一行移至“其他 OTHERS”一行的下方。

(2) 设置第 3～11 行的行高为 20，A～D 列的列宽为 12。

(3) 标题格式：中文标题为 16 号，黑体；英文标题为 12 号，Times New Roman；标题所在各行在 A～D 列间，跨列居中。数据单元格格式：数值使用千位分隔符，右对齐。参照样文设置表格边框线。

以上操作见【6.2.3 A　第 3 题样文】。

(4) 将 Sheet1 工作表重命名为“旅游数据分析表”，并将此工作表复制到 Sheet2 工作表中。

(5) 在 Sheet2 工作表“占总数比重(%)”一列的左侧插入分页线；设置表头行为打印标题。

(6) 在 Sheet2 中利用“占总数比重(%) P.C TOTAL”一列的数据(不含总计)创建一个分离型饼图，见【6.2.3 B　第 3 题样文】。

6.2.4　第 4 题

在 Excel 中，打开素材文件 6.2-4.xls，参照样文，按要求完成工作表编辑，然后以“试题 6.2-4.xls”为名保存到考生文件夹中。

(1) 在“三好街”所在行的上方插入一行，并输入如样文所示的内容。将“F”列(空列)删除，设标题行的高度为 27。

(2) 将单元格区域 B2:I2 合并居中，文本格式，字号 16，海绿色；单元格区域 B3:I15 的对齐方式设为垂直、水平居中；按样文设置表格边框线。

以上操作见【6.2.4 A　第 4 题样文】

(3) 为 H9 单元格插入批注“车流量最大”。

(4) 将 Sheet1 工作表重命名为“实测表”，并将此工作表复制到 Sheet2 工作表中。

(5) 在 Sheet2 中设置表头行为打印标题。

(6) 利用“优选干线”和“车流量”两列的数据在“实测表”中创建一个分离型圆环图，见【6.2.4 B　第 4 题样文】。

6.2.5　第 5 题

在 Excel 中，打开素材文件 6.2-5.xls，参照样文，按要求完成工作表编辑，然后以“试题 6.2-5.xls”为名保存到考生文件夹中。

(1) 将工作表 Sheet1 中的三张表合并成一张表(利用插入列、复制、粘贴的方法)，结果如样文。

(2) 标题格式：字号 16，隶书；表头格式：文字深蓝色，楷体，浅黄色底纹；表格中各单元格水平居中对齐；按样文设置表格边框线。

以上操作见【6.2.5 A　第 5 题样文】。

(3) 在 C4 单元格中插入批注“加班天数最多”。

(4) 将 Sheet1 工作表重命名为“应发工资表”，并将此工作表复制到 Sheet2 工作表中。

(5) 在 Sheet2 中设置标题和表头行为打印标题。

(6) 利用“姓名”和“应发工资”两列的数据，在“应发工资表”中创建一个分离型三维饼图，见【6.2.5 B　第 5 题样文】。

6.2.6　第 6 题

在 Excel 中，打开素材文件 6.2-6.xls，参照样文，按要求完成以下操作，然后以“试题 6.2-6.xls”为名保存到考生文件夹中。

(1) 在表头行上方插入标题行，行高 25，将 A1:H1 合并居中，添加文字“外聘员工工资表”，字号 20，隶书。

(2) 表头格式：楷体，浅黄色底纹，深蓝色字体，水平居中；表格边框线按样文设置。

以上操作见【6.2.6 A　第 6 题样文】。

(3) 为“姓名”一列中“刘和福”单元格插入批注“优秀员工”。

(4) 将 Sheet1 工作表重命名为“工资表”，并将此工作表复制到 Sheet2 工作表中。

(5) 在 Sheet2 中设置打印区域为 A1:H10。

(6) 利用“姓名”、“年龄”、“工资”三列的数据，在“工资表”中创建折线图，见【6.2.6 B　第 6 题样文】。

6.2.7　第 7 题

在 Excel 中，打开素材文件 6.2-7.xls，参照样文，按要求完成以下操作，然后以“试题 6.2-7.xls”为名保存到考生文件夹中。

(1) 清除标题格式，在标题行下方插入一行，行高 5，其它各行行高为 18。

(2) 在 B8:D8 单元格中输入内容“☆以上价格为净价；☆ 预订须连住 3 晚，不足者加 50 元/间/晚计。”文本水平左对齐，垂直居中。

以上操作见【6.2.7 A　第 7 题样文】。

(3) 删除 A1 单元格批注。

(4) 将 Sheet1 工作表重命名为“客房表”，并将此工作表复制到 Sheet2 工作表中。

(5) 在 Sheet2 工作表打印区域为 A1:D8。

(6) 利用“门市价”列的数据，在“客房表”中创建圆环图，见【6.2.7 B　第 7 题样文】。

6.2.8　第 8 题

在 Excel 中，打开素材文件 6.2-8.xls，参照样文，按要求完成工作表编辑，然后以“试题 6.2-8.xls”为名保存到考生文件夹中。

(1) 在最左侧插入一列，将“2004 年”一列移到“2003 年”一列右侧，C～F 列宽为 10。

(2) 表中各数据单元格格式：小数位数为 2，水平居中。

以上操作见【6.2.8 A　第 8 题样文】。

(3) 为 B1 单元格添加批注“具有真实性”，并显示。

(4) 将 Sheet1 工作表重命名为“外汇储备表”，并将此工作表复制到 Sheet2 工作表中。

(5) 在 Sheet2 中将页面设置中将表中数据的“居中方式”设置为垂直和水平。

(6) 利用 2003～2006 年各月数据在“外汇储备表”中创建一个数据点折线图，见【6.2.8 B　第 8 题样文】。

6.2.9　第 9 题

在 Excel 中，打开素材文件 6.2-9.xls，参照样文，按要求完成工作表编辑，然后以“试题 6.2-9.xls”为名保存到考生文件夹中。

(1) 在标题下插入一行，将“收入名次”一列移到“公司简称”一列左侧，且水平居中，删除最左侧一列。

(2) 将标题单元格区域 A1:E1 合并及居中，字号 16，黑体。表头底纹：紫色。“增长比率”一列格式：百分比，小数位数为 1。

以上操作见【6.2.9 A　第 9 题样文】。

(3) 为 E9 单元格添加批注“增长比率最高的公司”。

(4) 将 Sheet1 工作表重命名为“公司排名”，并将此工作表复制到 Sheet2 工作表中。

(5) 在 Sheet2 设置表格标题和表头为打印标题。

(6) 利用“市场份额”一列的数据创建一个分离型饼图，见【6.2.9 B　第 9 题样文】。

6.2.10　第 10 题

在 Excel 中，打开素材文件 6.2-10.xls，参照样文，按要求完成工作表编辑，然后以“试题 6.2-10.xls”为名保存到考生文件夹中。

(1) 为“年龄”设置有效性检验，有效范围 20～28 岁。

(2) 在“姓名”前插入一列“编号”，内容为“A001～A006”。

(3) 设置 C8 单元格的有效性，选择“序列”，来源于 A9:B9。

(4) 将 Sheet1 工作表的内容复制至 Sheet2 中。

(5) 在 Sheet1 中将标题单元格区域 A1:F1 合并居中，字号 16，黑体，底纹：浅黄色。

以上操作见【6.2.10　第 10 题样文】

(6) 为 F2 单元格添加批注“有效性检验”。

6.2.11　第 11 题

在 Excel 中，打开素材文件 6.2-11.xls，参照样文，按要求完成工作表编辑，然后以“试题 6.2-11.xls”为名保存到考生文件夹中。

(1) 在“应发薪资”前插入一列“水费”，内容为：12，10，8，6，4，2。

(2) 将“应发薪资”列标题改为“实发工资”。

(3) 将该数据表格式套用“自动套用格式”下“古典 1”。

(4) 将 Sheet1 工作表的内容复制至 Sheet2 中。

(5) 在 Sheet1 中将标题单元格区域 A1:F1 合并居中，字号 16，黑体，底纹：红色。

(6) 给“实发工资”添加批注，内容“实发工资＝应发工资－水费”。

以上操作见【6.2.11　第 11 题样文】。

6.2.12　第 12 题

在 Excel 中，打开素材文件 6.2-12.xls，参照样文，按要求完成工作表编辑，然后以“试题 6.2-12.xls”为名保存到考生文件夹中。

(1) 将表格上方的一行(空行)和最左侧的一列(空列)删除，将“2003 年”列与“2005 年”列的位置互换，C～E 列的列宽为 8。

(2) 将标题单元格区域 A1:E1 合并居中，字号 16，黑体，浅绿色底纹。将表格上、下边框设为粗线条。

以上操作见【6.2.12 A　第 12 题样文】。

(3) 为 C5 单元格添加批注“人数最多年份”。

(4) 将 Sheet1 工作表重命名为“医学科学研究机构、人员统计”，并将此工作表复制到

Sheet2 工作表中。

(5) 在 Sheet2 中设置表格的标题和表头为打印标题。

(6) 利用“总人员”一行的数据在“医学科学研究机构、人员统计”中创建一个数据点折线图，见【6.2.12 B　第 12 题样文】。

6.2.13　第 13 题

在 Excel 中，打开素材文件 6.2-13.xls，参照样文按要求完成工作表编辑，然后以“试题 6.2-13.xls”为名保存到考生文件夹中。

(1) 将表格上方的一行(空行)和最左侧的一列(空列)删除，将“总计”一行移至“工业”一行的上方。

(2) 将标题单元格区域 A1:E1 合并居中，字号 14，宋体，白色底纹；表格边框格式见样文。

以上操作见【6.2.13 A　第 13 题样文】。

(3) 为 E9 单元格添加批注“本季度信心指数最高行业”。

(4) 将 Sheet1 工作表重命名为“景气与信心指数”。

(5) 设置表格的最左一列为打印标题。

(6) 利用“企业景气指数”一栏下“本季”一列的数据(不包括“总计”)创建一个三维簇状柱图，见【6.2.13 B　第 13 题样文】。

6.2.14　第 14 题

在 Excel 中，打开素材文件 6.2-14.xls，参照样文，按要求完成工作表编辑，然后以“试题 6.2-14.xls”为名保存到考生文件夹中。

(1) 将“哈尔滨”一行删除，将“2001 年”一列与“2002 年”一列位置互换。

(2) 将标题行 B2:G2 合并居中，字号 16，方正舒体，加粗，红色，底纹浅青绿色。

(3) 表格格式：自动套用格式中的“彩色 2”。

以上操作见【6.2.14 A　第 14 题样文】。

(4) 为 B6 单元格添加批注“降水量最大”。

(5) 将 Sheet1 工作表重命名为“降水量统计”，设置表格的表头为打印标题。

(6) 利用“降水量统计”表中的数据创建一个折线图，见【6.2.14 B　第 14 题样文】。

6.2.15　第 15 题

在 Excel 中，打开素材文件 6.2-15.xls，参照样文，按要求完成工作表编辑，然后以“试题 6.2-15.xls”为名保存到考生文件夹中。

(1) 将标题及表格向右移一列、向下移一行。

(2) 设置文本格式。标题文字的格式：将标题区域 C2:F2 合并居中，字号 20，楷体加粗；表头和第 1 列的文字、数字居中，其他各列居右，保留两位小数。

(3) 设置表格边框线：将单元格区域 C3:F14 的外边框线设为绿色粗实线(样式：第二列第五行)、内边框为粉红色的细虚线(样式：第一列第三行)。

以上操作见【6.2.15 A　第 15 题样文】。

(4) 为“ADH”单元格加上批注“测定物”，将该工作表重新命名为“溶解度”。

(5) 在 Sheet1 表“SEC”为 18 的行后插入分页线，设置打印工作簿。

(6) 使用“SEC.”一列的数据创建一个数据点雷达图，见【6.2.15 B　第 15 题样文】。

6.2.16　第 16 题

在 Excel 中，打开素材文件 6.2-16.xls，参照样文，按要求完成工作表编辑，然后以“试题 6.2-16.xls”为名保存到考生文件夹中。

(1) 将“日期”一列自动填充数据，如 1998 年～2005 年。

(2) 将“B”列与“C”列互换，单元格数字为常规，居中，单元格底纹是第五行第三列。

以上操作见【6.2.16 A　第 16 题样文】。

(3) 设置表格边框格式：外边框双实线，内部细实线。将 Sheet1 工作表重命名为“统计表”，并将此工作表复制到 Sheet2 工作表中。

(4) 在 Sheet2 工作表“7”行上方插入分页线；设置表格的标题和表头为打印标题。

(5) 为“统计表”工作表的“A3”单元格插入批注“第一年统计”。

(6) 在“统计表”中创建一个堆积柱形图，见【6.2.16 B　第 16 题样文】。

6.2.17　第 17 题

在 Excel 中，打开素材文件 6.2-17.xls，参照样文，按要求完成工作表编辑，然后以“试题 6.2-17.xls”为名保存到考生文件夹中。

(1) 插入标题行，输入“部分品牌电脑报价”，A1:D1 合并居中，字号 16，黑体。

(2) 将第“C”列列宽设为 22。将“D”列单元格数字为货币，1 位小数，水平左对齐，单元格底纹是第五行第二列。

(3) 设置表格边框格式：自动套用格式中的“彩色 1”；将 Sheet1 工作表重命名为“报价表”，并将此工作表复制到 Sheet2 工作表中。

以上操作见【6.2.17 A　第 17 题样文】。

(4) 在 Sheet2 工作表“5”行下方插入分页线；设置表格表头为打印标题。

(5) 隐藏“报价表”工作表的“C5”单元格的批注。

(6) 在“报价表”工作表中创建一个三维堆积柱形图，见【6.2.17 B　第 17 题样文】。

6.2.18　第 18 题

在 Excel 中，打开素材文件 6.2-18.xls，参照样文，按要求完成工作表编辑，然后以“试题 6.2-18.xls”为名保存到考生文件夹中。

(1) 将“B3”～“E3”单元格用等差序列填充(菜单操作)，如 2000 年～2006 年。

(2) 将第“3”行移到第“7”行，单元格数字为数值，使用千位分隔符，小数位数 1 位，水平对齐方式为居中，棕黄色底纹。

(3) 设置表格边框格式：外边框设为黄色粗实线，内部设为红色细实线。将 Sheet1 工作表重命名为“人口分布表”，并将此工作表复制到 Sheet2 工作表中。

以上操作见【6.2.18 A　第 18 题样文】。

(4) 在 Sheet2 工作表“D”列右侧插入分页线；设置表格的最左列为打印标题。

(5) 为“人口分布表”的“A7”单元格插入批注“汉族及回族以外”。

(6) 利用“人口分布表”的 B4:E4 单元格区域的数据在“人口分布表”中创建一个分离型饼图，见【6.2.18 B　第 18 题样文】。

6.2.19　第 19 题

在 Excel 中，打开素材文件 6.2-19.xls，参照样文，按要求完成工作表编辑，然后以“试题 6.2-19.xls”为名保存到考生文件夹中。

(1) 自动产生“序号”列的数据，如：一～六，将“B”列列宽设为 22。

(2) 将标题单元格区域 A2:E2 合并居中，字号 14，黑体加粗，底纹酸橙色；单元格数据格式，水平居中。

(3) 设置表格格式。自动套用格式：彩色 2；将 Sheet1 工作表重命名为“价格分类”，并将此工作表复制到 Sheet2 工作表中。

以上操作见【6.2.19 A　第 19 题样文】。

(4) 在 Sheet2 工作表“6”行下方插入分页线；设置表格的标题和表头为打印标题。

(5) 删除“价格分类”工作表中的“B5”单元格的批注。

(6) 利用“价格分类”工作表的“A”列、“C”列和“E”列的数据，创建一个三维折线图，见【6.2.19 B　第 19 题样文】。

6.2.20　第 20 题

在 Excel 中，打开素材文件 6.2-20.xls，参照样文，按要求完成工作表编辑，然后以“试题 6.2-20.xls”为名保存到考生文件夹中。

(1) 自动产生“员工编号”一列数据，如 A01～A10，水平居中；将第“B”列列宽设置为 16，删除“D”空白列

(2) 将标题单元格 A1:F1 合并居中，字号 18，黑体，线绿色底纹。

(3) 设置表格格式，自动套用格式中古典 2，要应用的格式，不包括“对齐”；将 Sheet1 工作表重命名为“职员登记表”，并将此工作表复制到 Sheet2 工作表中。

以上操作见【6.2.20 A　第 20 题样文】。

(4) 在 Sheet2 工作表第“8”行上方插入分页线；设置表格的标题和表头为打印标题。

(5) 为“职员登记表”的“B4”单元格插入批注“包括基层技术员”。

(6) 在“职员登记表”中利用“技术部”各职员的“F”列数据创建一个三维簇状柱形图，见【6.2.20 B　第 20 题样文】。

【6.2.1 A　第 1 题样文】

某集团公司职工工资表

序号	姓名	出生年月	部门	基本工资	浮动工资	应发工资
001	张平	1965 年 8 月 19 日	组织部	800	500	1300
002	李秀	1971 年 2 月 3 日	人教部	600	300	900
003	王海	1968 年 5 月 14 日	组织部	700	400	1100
004	赵荣	1974 年 2 月 2 日	组织部	500	200	700
005	钱林	1978 年 9 月 9 日	人教部	500	200	700
006	魏华	1977 年 5 月 5 日	人教部	600	300	900
007	刘晨	1970 年 1 月 1 日	人教部	700	400	1100
008	贺灵	1966 年 3 月 3 日	组织部	800	500	1300

【6.2.1 B　第 1 题样文】

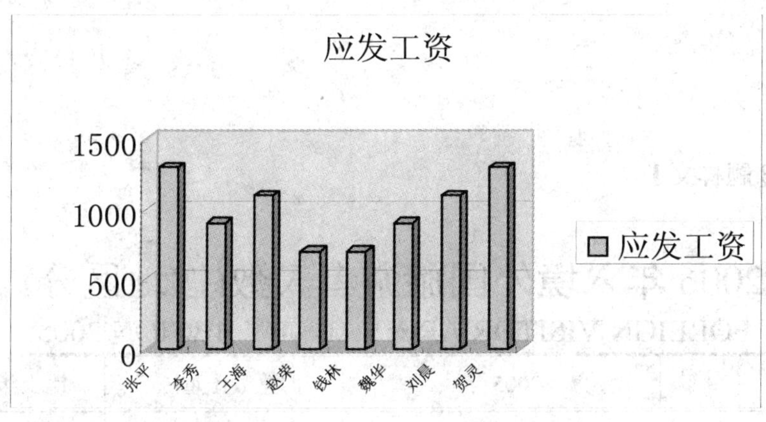

【6.2.2 A　第 2 题样文】

2006 年部分城市消费水平调查（最高为 100）

城市	副食	日常生活用品	服装	耐用消费品
哈尔滨	85.03	92.3	89.2	94.78
郑州	90.8	88.75	89.7	99.45
西安	89.56	84.32	86	88.26
南京	87.68	90.18	91.5	88.2
兰州	80.23	83.26	90.56	88.73
合肥	78.53	75.68	80.69	95.15

【6.2.2 B　第 2 题样文】

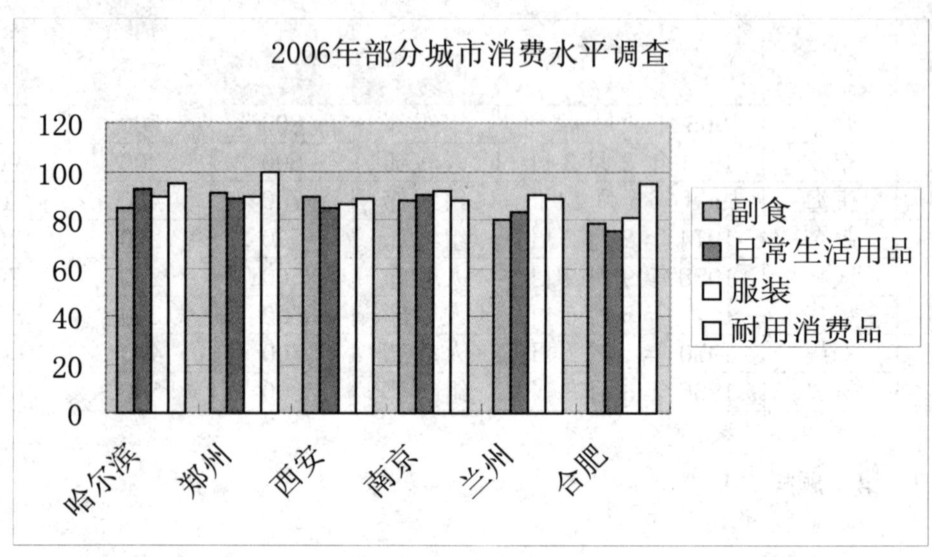

【6.2.3 A　第 3 题样文】

2006 年入境外国旅游者人数(按地区分)

FOREIGN VISITOR ARRIVALS BY BEGION 2005

地区	2005 年	占总数比重(%)	比上年增长(%)
REGION	2005	P.C TOTAL	GROWTH (%)
亚洲 ASIA	6,982,361.00	62.2	12.2
欧洲 EUROPE	2,567,272.00	22.9	8.5
美洲 AMERICA	1,278,383.00	11.4	5
大洋洲 OCEANIA	310,207.00	3	9.9
其他 OTHERS	210,207.00	2	360.4
总计　TOTAL	11,226,384.00	100	10.5

【6.2.3 B　第 3 题样文】

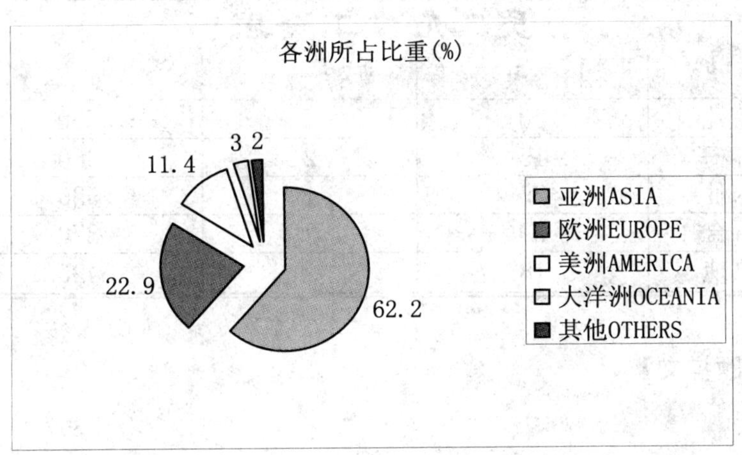

【6.2.4 A　第 4 题样文】

优选的监测交通干线实测数据(2005 年)

优选干线	dB(A)					车流量	路长
	L_{10}	L_{50}	L_{90}	L_{eq}	δ	(辆/h)	(km)
重工街	74	67	61	69.5	5.1	723	3.2
北二路	76	67	61	73.5	5.1	472	5.7
南十路	72	63	57	69.9	5.6	240	3.8
沈辽中路	76	71	66	72.9	3.8	1363	4.5
崇山西路	75	70	65	72.6	4	1430	4.5
珠林街	78	71	65				
三好街	74	66	60	71	5.2	435	3.5

【6.2.4 B　第 4 题样文】

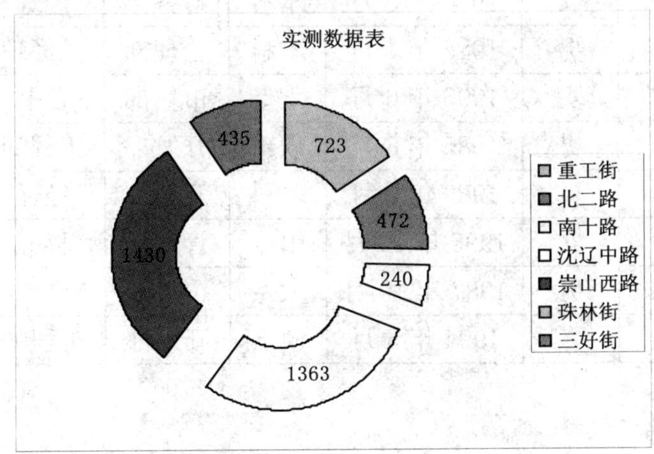

【6.2.5 A　第 5 题样文】

员工应发工资表			
姓名	出勤天数	加班天数	应发工资
瓶儿	20	5	550
春梅	15	2	360
水仙	25	1	530
百合	39	3	870
玖瑰	18	2	420

【6.2.5 B　第 5 题样文】

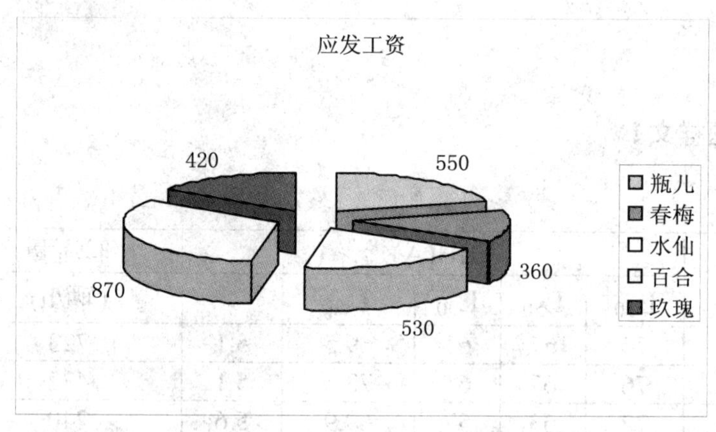

【6.2.6 A　第 6 题样文】

外聘员工工资表

姓名	年龄	性别	雇佣日期	学历	部门	职务	工资
侯晓	32	女	1990 年 5 月	本科	财务部	经理	850.00
陈晓东	47	男	1985 年 1 月	本科	管理部	总经理	930.00
赵敏	26	女	1995 年 6 月	大专	市场部	秘书	580.00
李宏业	35	男	1985 年 8 月	硕士	开发部	工程师	1850.00
刘和福	58	男	1982 年 4 月	本科	开发部	经理	1200.00
陆文君	25	女	1995 年 10 月	中专	管理部	秘书	700.00
沈家华	46	男	1987 年 10 月	大专	销售部	经理	823.00
苏为民	28	男	1994 年 5 月	硕士	开发部	工程师	1500.00

【6.2.6 B　第 6 题样文】

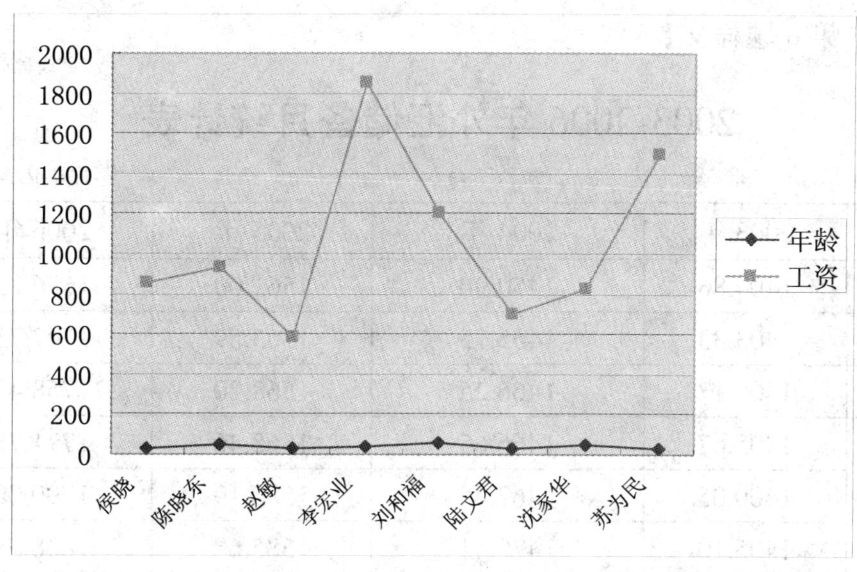

【6.2.7 A　第 7 题样文】

大东海南中国大酒店客房房价表

房型	结构	门市价	5 月 1 至 6 日
高级标准间	园景不带阳台	980	310RMB
海景标准间	海景不带阳台	1080	360 RMB
豪华海景间	带阳台全海景	1280	460 RMB
海景套房	海景不带阳台	1980	530 RMB
备注	☆　以上价格为净价； ☆　预订须连住 3 晚，不足者加 50 元/间/晚计。		

【6.2.7 B　第 7 题样文】

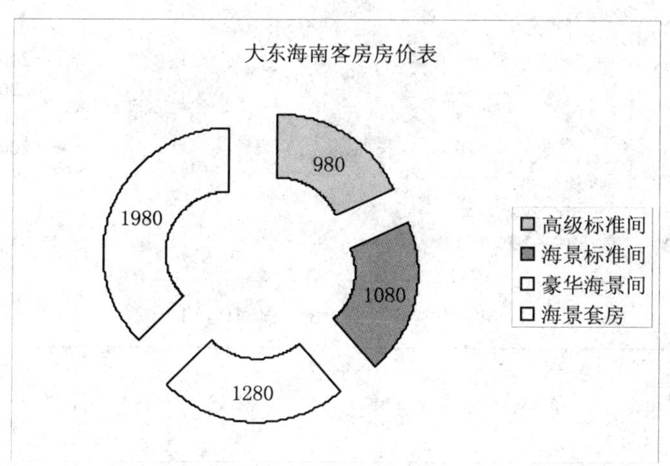

【6.2.8 A　第 8 题样文】

2003-2006 年外汇储备月统计表

单位：亿美元

月份	2003 年	2004 年	2005 年	2006 年
1	1404.86	1450.90	1561.00	1686.23
2	1403.33	1465.15	1565.59	1747.73
3	1406.17	1466.25	1568.20	1758.47
4	1405.67	1466.65	1568.46	1771.78
5	1409.05	1467.45	1580.19	1790.00
6	1405.10	1470.51	1585.68	1808.38
7	1405.99	1487.37	1585.96	1844.92
8	1407.38	1507.30	1592.17	1900.53
9	1411.07	1515.11	1600.92	1957.64
10	1437.00	1528.47	1613.44	2030.29
11	1445.88	1537.70	1639.11	2083.15
12	1449.59	1546.75	1655.74	2121.65

【6.2.8 B　第 8 题样文】

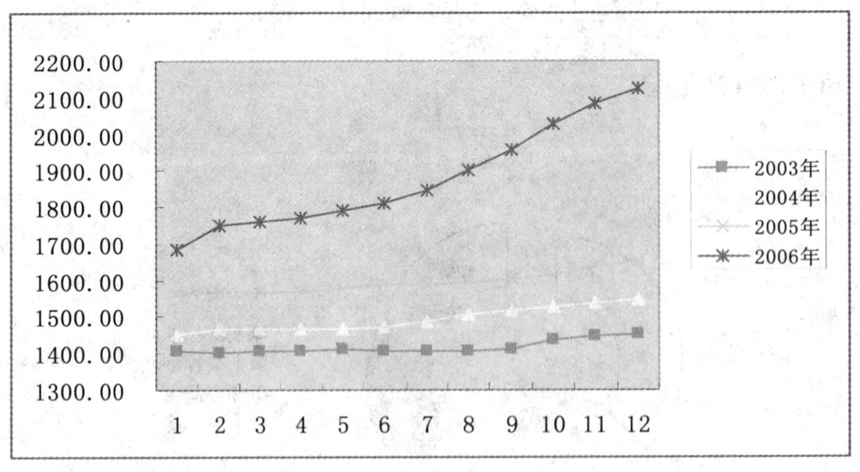

【6.2.9 A　第 9 题样文】

陕西省名牌公司产品销售统计

收入名次	公司简称	营业收入	市场份额	增长比率
1	海尔	13,828	0.089	37.4%
2	天阳	11,360	0.073	43.6%
3	华普	10,186	0.066	35.8%
4	东方	9,455	0.061	42.3%
5	航天	9,173	0.059	27.8%
6	天诺	8,346	0.054	54.6%

【6.2.9 B　第 9 题样文】

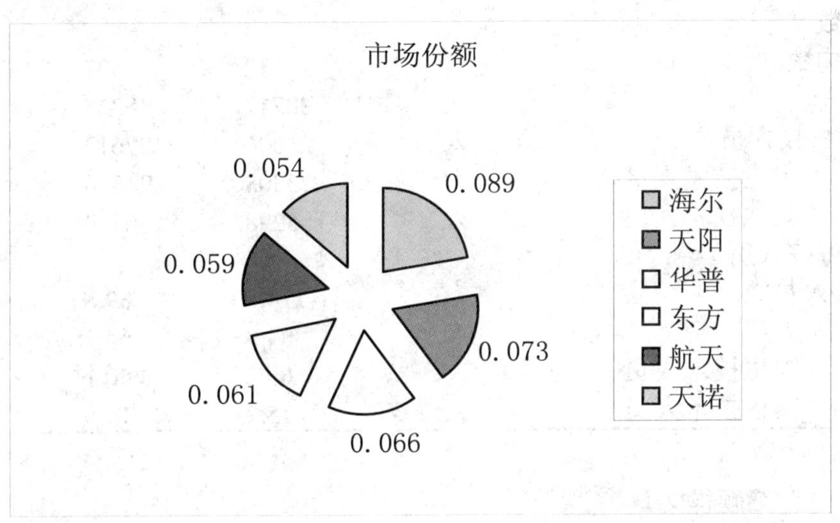

【6.2.10　第 10 题样文】

方雨计算机公司职员工资表

编号	姓名	性别	部门	年龄	电话
A001	楚玲	男	销售部		85552136
A002	孟瑗	女	财务部		54752160
A003	张强	男	人事部		33271861
A004	张琴	女	技术部		82752162
A005	刘烟	男	人事部		32752163
A006	李平	男	销售部		62552160

【6.2.11　第 11 题样文】

人人乐超市职员工资表					
姓名	学历	基本工资	保险费	水费	实发工资
张发	大专	300	60	12	
李涛	本科	400	60	10	
黄裴	大专	350	70	8	
曼玉	本科	324	50	6	
陈波	大专	364	50	4	
刘楚	本科	530	40	2	

【6.2.12 A　第 12 题样文】

全国医学科学研究机构、人员数				
	单位	2001 年	2003 年	2005 年
实有数				
机构数	个	337	427	397
总人员	人	**38717**	**38326**	**27517**
内:科技人员	人	28606	27617	20253
卫生技术人员	人	23308	21378	15036
其他技术人员	人	5298	6239	5217
平均每院（所）				
人员数	人	**114.9**	**89.8**	**69.3**
内:科技人员	人	84.9	64.7	51
卫生技术人员	人	69.2	50.1	37.9
其他技术人员	人	15.7	14.6	13.1

【6.2.12 B　第 12 题样文】

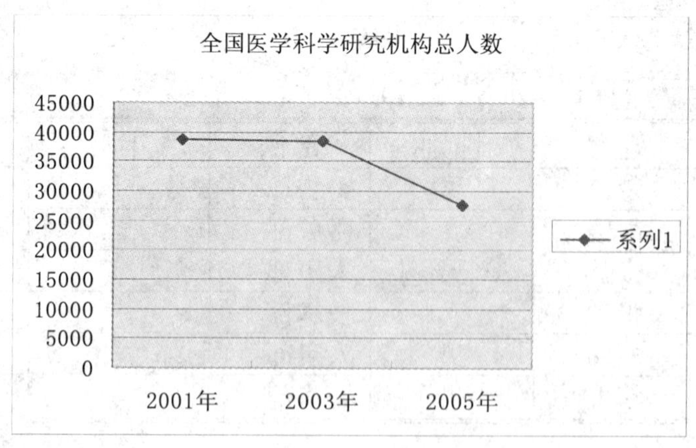

【6.2.13 A　第 13 题样文】

企业景气指数(2006 年第 2 季度)

	企业景气指数		企业家信心指数	
	上季	本季	上季	本季
总计	118	125	119	119
工业	120	132	119	121
建筑业	109	123	120	118
交通通信业	123	115	119	115
批发餐饮业	123	116	112	110
房地产业	125	127	139	138
社会服务业	108	115	120	119

【6.2.13 B　第 13 题样文】

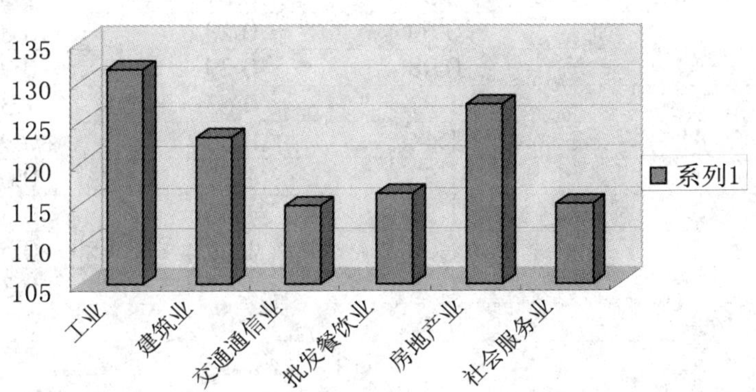

【6.2.14 A　第 14 题样文】

全国部分城市 2000-2005 年降水量分布表

城市	2001 年	2002 年	2003 年	2004 年	2005 年
长沙	630	650	590	570	540
南京	500	510	580	580	520
重庆	780	800	760	730	700
郑州	700	750	680	630	600
兰州	400	450	380	320	680
上海	800	850	750	730	700

【6.2.14 B　第 14 题样文】

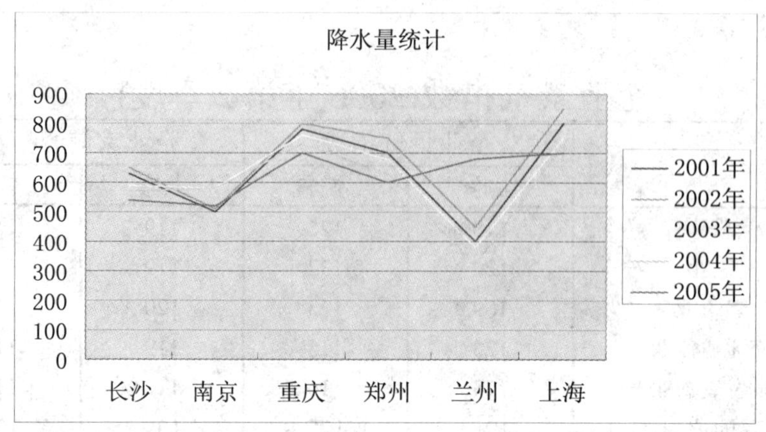

【6.2.15 A　第 15 题样文】

溶解度测定

SEC.	ADH	SJI	LMK
3	0.36	0.01	0.46
6	0.52	0.21	1.59
9	0.69	0.28	0.84
12	0.98	0.29	0.99
15	1.21	0.63	1.39
18	1.44	0.85	0.91
21	1.53	1.17	0.66
24	1.33	1.36	0.52
27	1.06	1.29	0.50
30	1.04	1.11	0.36
33	0.99	1.07	0.22

【6.2.15 B　第 15 题样文】

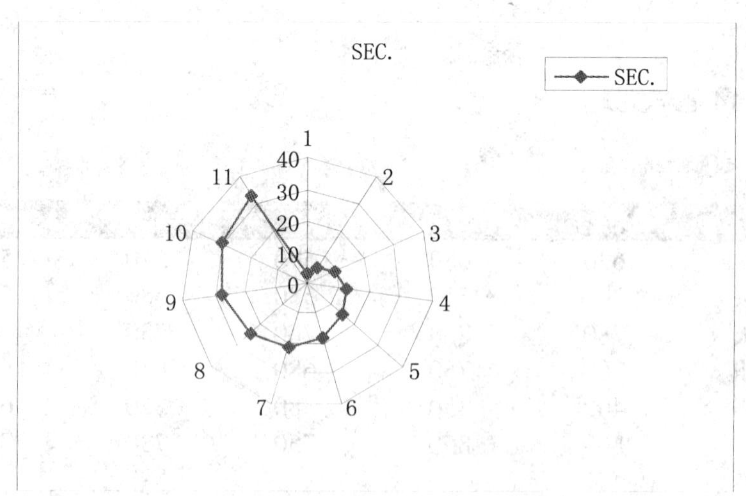

【6.2.16 A　第 16 题样文】

1998—2005 年入境旅游人数

日期	港澳台侨胞	外国人
1998 年	3411	401
1999 年	3687	466
2000 年	3850	518
2001 年	4050	589
2002 年	4438	674
2003 年	5016	743
2004 年	5637	711
2005 年	6436	843

【6.2.16 B　第 16 题样文】

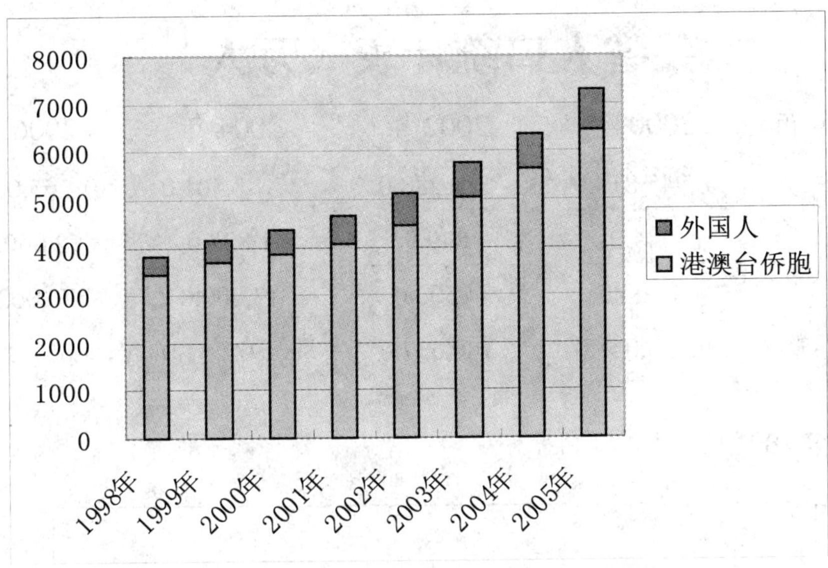

【6.2.17 A　第 17 题样文】

部分品牌电脑报价

序号	品牌	性能参数	价格
001	联想	pIII2.66M	￥5,500.0
002	TCL	PⅡ1.8M	￥3,200.0
003	神舟	PIII2.66M 双核	￥4,200.0
004	方正	PⅡ2.0 M	￥1,800.0
005	宏基	PIII2.66M 单核	￥4,567.0
006	全向	PIII2.33M	￥2,000.0

【6.2.17 B　第 17 题样文】

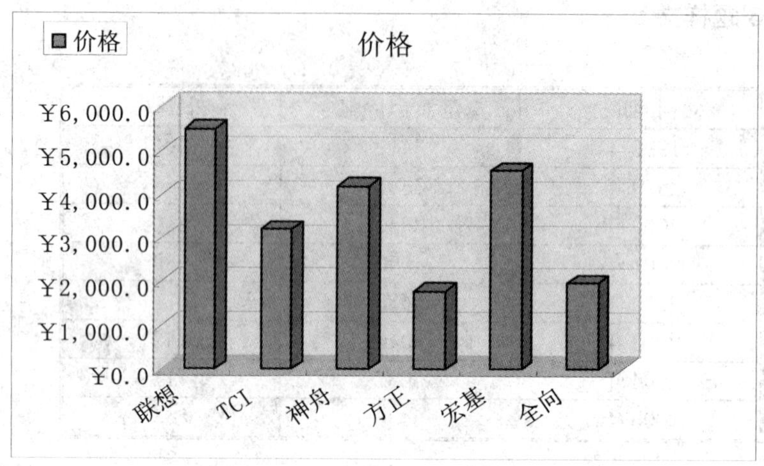

【6.2.18 A　第 18 题样文】

某省人口统计表（万人）

地区分布	2000 年	2002 年	2004 年	2006 年
汉族	6,945,819.0	175,288.0	1,182,501.0	1,265,000.0
回族	544.0	849.0	1,830.0	2,000.0
其它	3,700.0	4,500.0	13,000.0	70,000.0
总人口数	6,950,063.0	180,637.0	1,197,331.0	1,337,000.0

【6.2.18 B　第 18 题样文】

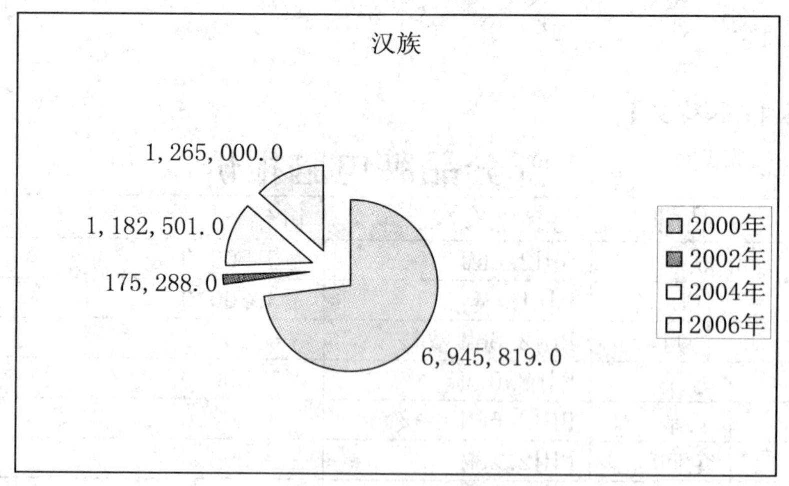

【6.2.19 A 第 19 题样文】

广西居民消费价格分类（2006 年 5 月）				
序号	项目名称	城市	农村	全国
一	全国平均值	99	100	99
二	食　品	100	99	100
三	烟酒及用品	100	100	100
四	衣　着	98	98	98
五	家庭设备用品及服务	97	98	97
六	医疗保健及个人用品	98	100	99

【6.2.19 B 第 19 题样文】

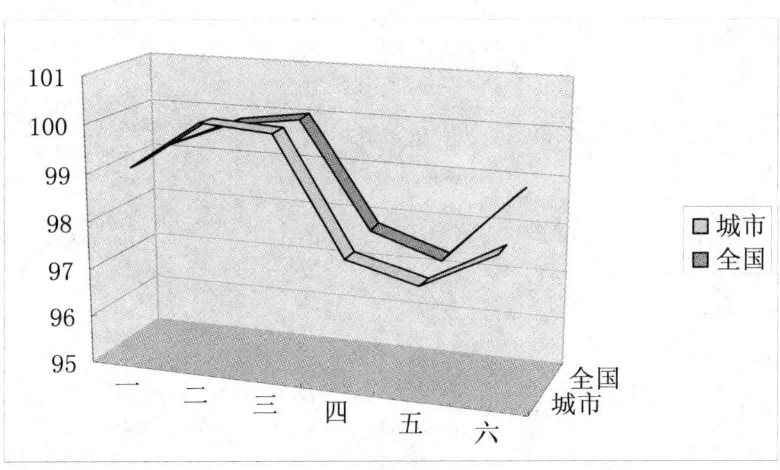

【6.2.20 A 第 20 题样文】

职员登记表					
员工编号	部门	性别	籍贯	工龄	年龄
A01	技术部	男	江西	4	32
A02	技术部	男	陕西	5	30
A03	生产部	女	四川	2	26
A04	生产部	女	辽宁	6	32
A05	生产部	男	陕西	6	36
A06	生产部	女	辽宁	3	25
A07	生产部	男	山东	4	26
A08	人力资源部	女	江西	2	25
A09	人力资源部	女	山东	4	24
A10	人力资源部	女	北京	2	25

【6.2.20 B　第 20 题样文】

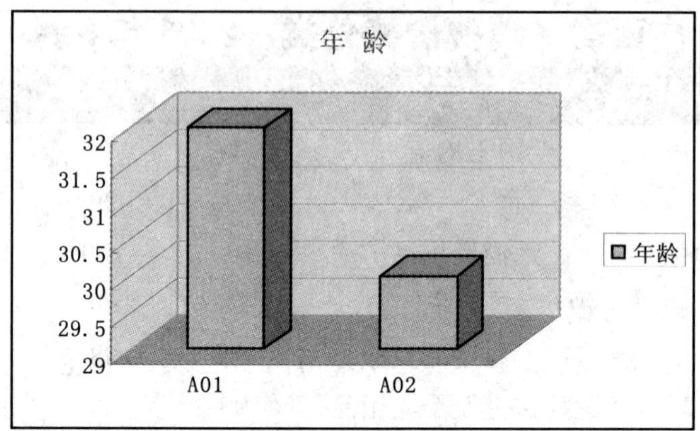

6.3 Excel 数据处理

6.3.1 第 1 题

在 Excel 中，打开素材文件 6.3-1.xls，参照样文，按要求进行操作，然后以“试题 6.3-1.xls”为名保存到考生文件夹中。

(1) 按【6.3.1 A 第 1 题样文】利用公式计算：总分=语文+数学+英语；利用平均值函数(AVERAGE)计算“平均分”。

(2) 按【6.3.1 A 第 1 题样文】在学生成绩表中给所有学生填入评语，标准是：

若平均分≥80，则填为“优秀”；若 80>平均分≥60，则填为“优良”；否则填为“不及格”。

(3) 按【6.3.1 B 第 1 题样文】对“姓名”数据项依据“笔画”升序排序。

(4) 按【6.3.1 C 第 1 题样文】利用“自动筛选”筛选出“语文”大于等于 75 分者。

(5) 按【6.3.1 D 第 1 题样文】按“专业”对“总分”进行“求和”分类汇总。

6.3.2 第 2 题

在 Excel 中，打开文件 6.3-2.xls，参照样文，按要求进行操作，然后以“试题 6.3-2.xls”为名保存到考生文件夹中。

(1) 按【6.3.2 A 第 2 题样文】利用求和函数并使用 Sheet1 工作表中的数据，计算三个月的“总计”，结果放在相应的单元格中。

(2) 按【6.3.2 B 第 2 题样文】利用 Sheet2 工作表中的数据，以“一月”为主要关键字，升序排序。

(3) 按【6.3.2 C 第 2 题样文】利用 Sheet2 工作表中的数据，筛选出“二月”大于等于 80000 的记录。

(4) 按【6.3.2 D 第 2 题样文】利用 Sheet4 工作表“上半年销售情况表(万元)”和“下半年销售情况表(万元)”中的数据，在“全年销售情况表(万元)”中进行 “求和”合并计算。

(5) 按【6.3.2 E 第 2 题样文】利用 Sheet5 工作表中的数据，以“销售区间”为分类字段将各月销售额分别进行“求和”分类汇总。

6.3.3 第 3 题

在 Excel 中，打开文件 6.3-3.xls.xls，参照样文，按要求进行操作，然后以“试题 6.3-3.xls”为名保存到考生文件夹中。

(1) 按【6.3.3 A 第 3 题样文】利用公式(函数)计算 Sheet1 工作表中的“总成绩”和“平均分”，结果放在相应的单元格中。

(2) 按【6.3.3 B 第 3 题样文】利用 Sheet2 工作表中的数据，以“总成绩”为主关键字，降序排序。

(3) 按【6.3.3 C 第 3 题样文】利用 Sheet3 工作表中的数据，自动筛选出“语文”大于 80 且“英语”大于 85 的记录。

(4) 按【6.3.3 D　第 3 题样文】利用 Sheet4 工作表中的相关数据，在“课程安排统计表”中进行“求和”合并计算。

(5) 按【6.3.3 E　第 3 题样文】利用 Sheet5 工作表中的数据，以“课程名称”为分类字段，将“人数”和“课时”进行“求和”分类汇总。

6.3.4　第 4 题

在 Excel 中，打开文件 6.3-4.xls，参照样文，按要求进行操作，然后以“试题 6.3-4.xls”为名保存到考生文件夹中。

(1) 按【6.3.4 A　第 4 题样文】利用公式(函数)计算 Sheet1 工作表中的“总计”和“平均销售额”，结果分别放在相应的单元格中。

(2) 按【6.3.4 B　第 4 题样文】利用 Sheet2 工作表中的数据，以“销售地区”为主关键字，升序排序。

(3) 按【6.3.4 C　第 4 题样文】利用 Sheet4 工作表中“表 1”、“表 2”的数据，在“统计表”中进行“求和”合并计算。

(4) 按【6.3.4 D　第 4 题样文】利用 Sheet5 工作表中的数据，以“销售地区”为分类字段，将“销售额”进行“求和”分类汇总。

6.3.5　第 5 题

在 Excel 中，打开文件 6.3-5.xls，参照样文，按要求进行操作，然后以“试题 6.3-5.xls”为名保存到考生文件夹中。

(1) 按【6.3.5 A　第 5 题样文】利用公式(函数)计算 Sheet1 工作表中的“工资总计”、“平均工资”、“最高工资”、“最低工资”，结果分别放在相应的单元格中。

(2) 按【6.3.5 B　第 5 题样文】利用 Sheet2 工作表中的数据，以“年龄”为主关键字，以“性别”为次关键字，均按降序排序。

(3) 按【6.3.5 C　第 5 题样文】利用 Sheet3 工作表中的数据，自动筛选出“工资”大于 1600 的记录。

(4) 按【6.3.5 D　第 5 题样文】利用 Sheet4 工作表中的数据，在“分析表”中进行“平均值”合并计算。

(5) 按【6.3.5 E　第 5 题样文】利用 Sheet5 工作表中的数据，以“部门”为分类字段，将“工资”进行“最大值”分类汇总。

6.3.6　第 6 题

在 Excel 中，打开文件 6.3-6.xls，参照样文，按要求进行操作，然后以“试题 6.3-6.xls”为名保存到考生文件夹中。

(1) 按【6.3.6 A　第 6 题样文】利用公式(函数)计算 Sheet1 工作表中的“应发薪资”，并将结果放在相应的单元格中。

(2) 按【6.3.6 B　第 6 题样文】利用 Sheet2 工作表中的数据，以“姓名”为主关键字，以“学历”为次关键字，均按降序排序。

(3) 按【6.3.6 C　第 6 题样文】利用 Sheet3 工作表中的数据，自动筛选出“学历”为本科的记录。

(4) 按【6.3.6 D　第 6 题样文】利用 Sheet4 工作表中的数据，在“应发工资表”中进行“应发工资”合并计算。

(5) 按【6.3.6 E　第 6 题样文】利用 Sheet5 工作表中的数据，以“学历”为分类字段，将“应发薪资”进行“求和”分类汇总。

6.3.7　第 7 题

在 Excel 中，打开文件 6.3-7.xls，参照样文，按要求进行操作，然后以“试题 6.3-7.xls”为名保存到考生文件夹中。

(1) 按【6.3.7 A　第 7 题样文】 在 Sheet1 工作表中计算，应纳税率=IF(工资≥1000，10%，5%)，纳税额=应纳税率*(工资－800) ，实发工资=基本工资－纳税额。

(2) 按【6.3.7 B　第 7 题样文】 将 Sheet1 工作表复制到工作表 Sheet2 中，在 Sheet2 工作表的“姓名”列后插入一列“部门”， 将 Sheet3 工作表中的数据复制到“部门”列，按升序排序。

(3) 在 Sheet2 工作表中，以“部门”为分类字段，将“实发工资”进行“求和”分类汇总。

6.3.8　第 8 题

在 Excel 中，打开文件 6.3-8.xls，参照样文，按要求进行操作，然后以“试题 6.3-8.xls”为名保存到考生文件夹中。

(1) 按【6.3.8 A　第 8 题样文】利用公式(函数)计算 Sheet1 工作表中的“实发工资”，并将结果放在相应的单元格中。

(2) 按【6.3.8 B　第 8 题样文】利用 Sheet2 工作表中的数据，以“基本工资”为主关键字，按降序排序。

(3) 按【6.3.8 C　第 8 题样文】利用 Sheet3 工作表 “利达公司一月份所付工程原料款”和“利达公司二月份所付工程原料款” 中的数据，在“利达公司前两个月所付工程原料款”中进行“求合”合并计算。

(4) 按【6.3.8 D　第 8 题样文】利用 Shee4 工作表中的数据，以“部门”为分类字段，将“基本工资”进行“求和”分类汇总。

6.3.9　第 9 题

在 Excel 中，打开文件 6.3-9.xls，参照样文，按要求进行操作，然后以“试题 6.3-9.xls”为名保存到考生文件夹中。

(1) 按【6.3.9 A　第 9 题样文】利用公式(函数)计算 Sheet1 工作表中的“实发工资”，标准：实发工资=基本工资+奖金+津贴，结果放在相应的单元格中。

(2) 利用 Sheet1 工作表中的数据，以“职称”为主关键字，按降序排序。

(3) 按【6.3.9 B　第 9 题样文】利用 Sheet1 工作表中的数据，自动筛选出职称为“教授”的记录，将其复制到 Sheet2 中。

(4) 按【6.3.9 C　第 9 题样文】将 Sheet1 工作表中的数据复制到 Sheet3 中，使用 Sheet3 工作表中的数据，以“职称”为分类字段，将“实发工资”进行“平均值”分类汇总。

6.3.10　第 10 题

在 Excel 中，打开文件 6.3-10.xls，参照样文，按要求进行操作，然后以“试题 6.3-10.xls”为名保存到考生文件夹中。

(1) 按【6.3.10 A　第 10 题样文】 利用公式(函数)计算 Sheet1 工作表中的“实发工资”，标准：实发工资=基本工资+奖金，结果放在相应的单元格中。

(2) 按【6.3.10 B　第 10 题样文】 计算“应发工资”，应发工资按职称增加工资，职称为工程师的加 40 元，其他的加 20 元。

(3) 将 Sheet1 复制到 Sheet2 中。

(4) 按【6.3.10 C　第 10 题样文】 将 Shee2 工作表中的数据按“职称”升序排序，以“职称”为分类字段，对“实发工资”进行“求和”分类汇总.。

6.3.11　第 11 题

在 Excel 中，打开文件 6.3-11.xls，参照样文，按要求进行操作，然后以“试题 6.3-11.xls”为名保存到考生文件夹中。

(1) 按【6.3.11 A　第 11 题样文】将工作表 Sheet2 中的三条记录添加到 Sheet1 工作表中，以“公司名称”为主关键字，按升序排序，利用自动求和函数计算“总额”。

(2) 按【6.3.11 B　第 11 题样文】利用工作表 Sheet1 中的数据，在 Sheet3 工作表中进行“平均值”合并计算。

(3) 在 Sheet3 工作表中，计算“百分比”，百分比=各公司总额/各公司总额之和。

(4) 按【6.3.11 C　第 11 题样文】在 Sheet1 工作表中，以“公司名称”为分类字段，对“一季度”进行“求和”分类汇总。

6.3.12　第 12 题

在 Excel 中，打开文件 6.3-12.xls，参照样文，按要求进行操作，然后以“试题 6.3-12.xls”为名保存到考生文件夹中。

(1) 按【6.3.12 A　第 12 题样文】在 Sheet1 工作表中，计算“平均雨量”和“总计”。

(2) 按【6.3.12 B　第 12 题样文】利用 Sheet2 工作表中的数据，以“洲”为主关键字，按升序排序。

(3) 按【6.3.12 C　第 12 题样文】 利用 Sheet3 工作表 “世界五大城市降雨量表(单位：厘米)”中的数据，在“以洲为单位汇总”中进行“求合”合并计算。

(4) 按【6.3.12 D　第 12 题样文】利用 Shee4 工作表中的数据，以“洲”为分类字段，将“五月”进行“求和”分类汇总。

6.3.13　第 13 题

在 Excel 中，打开文件 6.3-13.xls，参照样文，按要求进行操作，然后以“试题 6.3-13.xls”为名保存到考生文件夹中。

(1) 按【6.3.13 A　第 13 题样文】利用 Sheet1 工作表中的数据，计算“最大值”，结果放在相应的单元格中。

(2) 按【6.3.13 B　第 13 题样文】利用 Sheet2 工作表中的数据，以“本科上线人数”为主关键字，降序排序。

(3) 按【6.3.13 C　第 13 题样文】利用 Sheet3 工作表中的数据，筛选出“本科上线人数”大于或等于 500 的记录。

(4) 按【6.3.13 D　第 13 题样文】利用 Sheet4 工作表中各中学上线人数统计表中的数据，在“高考上线人数总计”中进行“求和”合并计算。

(5) 按【6.3.13 E　第 13 题样文】利用 Sheet5 工作表中的数据，以“类别”为分类字段，将各中学上线人数分别进行“求和”分类汇总。

6.3.14　第 14 题

在 Excel 中，打开文件 6.3-14.xls，参照样文，按要求进行操作，然后以“试题 6.3-14.xls”为名保存到考生文件夹中。

(1) 按【6.3.14 A　第 14 题样文】利用 Sheet1 工作表中的数据，计算“合计”，结果放在相应的单元格中。

(2) 按【6.3.14 B　第 14 题样文】利用 Sheet2 工作表中的数据，以“姓名”为主关键字，按照笔画，降序排序。

(3) 按【6.3.14 C　第 14 题样文】利用 Sheet3 工作表中的数据，筛选出“性别”为女性的记录。

(4) 按【6.3.14 D　第 14 题样文】利用 Sheet1 工作表中的数据，在工作表 Sheet4 中进行“求和”合并计算。

(5) 按【6.3.14 E　第 14 题样文】利用 Sheet5 工作表中的数据，以“科室”为分类字段，按奖金进行“求平均”分类汇总。

6.3.15　第 15 题

在 Excel 中，打开文件 6.3-15.xls，参照样文，按要求进行操作，然后以“试题 6.3-15.xls”为名保存到考生文件夹中。

(1) 按【6.3.15 A　第 15 题样文】利用 Sheet1 工作表中的数据，计算“员工应发工资表”中的数据，结果放在相应的单元格中，计算标准：基本工资=出勤天数*20，加班工资=加班天数*30，应发工资=基本工资+加班工资。

(2) 按【6.3.15 B　第 15 题样文】将 Sheet1 工作表复制到 Sheet2 中，利用 Sheet2 工作表中的数据，筛选出“应发工资”小于或等于 500 元的记录。

(3) 按【6.3.15 C　第 15 题样文】利用 Sheet3 工作表中的数据，在员工加班工资表中进行“求和”合并计算。

(4) 按【6.3.15 D　第 15 题样文】利用 Sheet4 工作表中的数据，以“品种”为分类字段，按价格进行“求平均”分类汇总。

6.3.16 第 16 题

在 Excel 中，打开文件 6.3-16.xls，参照样文，按要求进行操作，然后以“试题 6.3-16.xls”为名保存到考生文件夹中。

(1) 按【6.3.16 A 第 16 题样文】利用 Sheet1 工作表中的数据，计算“总计”，结果放在相应的单元格中。

(2) 按【6.3.16 B 第 16 题样文】利用 Sheet2 工作表中的数据，以“三月”为主关键字，降序排序。

(3) 按【6.3.16 C 第 16 题样文】利用 Sheet3 工作表中的数据，筛选出三个月的销量都大于或等于 600 的记录。

(4) 按【6.3.16 D 第 16 题样文】利用 Sheet4 工作表“咸阳市上半年汽车销售表(辆)”和“咸阳市下半年汽车销售表(辆)”中的数据，在“咸阳市汽车销售表(辆)”表中进行“求和”合并计算。

(5) 按【6.3.16 E 第 16 题样文】利用 Sheet5 工作表中的数据，以“产地”为分类字段，将各汽车市场分别进行“求和”分类汇总。

6.3.17 第 17 题

在 Excel 中打开文件 6.3-17.xls，参照样文，按要求进行操作，然后以“试题 6.3-17.xls”为名保存到考生文件夹中。

(1) 按【6.3.17 A 第 17 题样文】利用 Sheet1 工作表中的数据，计算 “最大值”，结果放在相应的单元格中。

(2) 按【6.3.17 B 第 17 题样文】利用 Sheet2 工作表中的数据，筛选出经销商为“钟楼”并且“周一”大于或等于 600 的记录。

(3) 按【6.3.17 C 第 17 题样文】利用工作表 Sheet3 中的数据，在各类鲜花平均价格中进行“平均值”合并计算。

(4) 按【6.3.17 D 第 17 题样文】利用 Sheet4 工作表中的数据，以“品种”为分类字段，将三周的销售量分别进行“最大值”分类汇总。

6.3.18 第 18 题

在 Excel 中打开文件 6.3-18.xls，参照样文，按要求进行操作，然后以“试题 6.3-18.xls”为名保存到考生文件夹中。

(1) 按【6.3.18 A 第 18 题样文】利用 Sheet1 工作表中的数据，计算 “来华占出境%”，结果放在相应的单元格中。

(2) 按【6.3.18 B 第 18 题样文】利用 Sheet2 工作表中的数据，以“休闲游指数”为主要关键字，降序排序。

(3) 按【6.3.18 C 第 18 题样文】利用工作表 Sheet3 中的数据，在“各品种均价统计”表中进行“平均值”合并计算。

(4) 按【6.3.18 D 第 18 题样文】利用 Sheet4 工作表中的数据，以“品种”为分类字段，将“价格”进行“平均值”分类汇总。

6.3.19　第 19 题

在 Excel 中打开文件 6.3-19.xls，参照样文，按要求进行操作，然后以“试题 6.3-19.xls”为名保存到考生文件夹中。

(1) 按【6.3.19 A　第 19 题样文】利用 Sheet1 工作表中的数据，计算“两次报价相差天数”，结果放在相应的单元格中。

(2) 按【6.3.19 B　第 19 题样文】利用 Sheet2 工作表中的数据，以“品牌”为主要关键字，降序排序。

(3) 按【6.3.19 C　第 19 题样文】利用 Sheet3 工作表“2006 年上半年课时费发放表(元)”和“2006 年下半年课时费发放表(元)”中的数据，在“2006 年全年课时费发放表(元)”中进行“求和”合并计算。

(4) 按【6.3.19 D　第 19 题样文】在 Sheet4 工作表中，使用 Sheet2 工作表中的数据，以“品牌”为分类字段，将两次报价相差天数进行“求和”分类汇总。

6.3.20　第 20 题

在 Excel 中打开文件 6.3-20.xls，参照样文，按要求进行操作，然后以“试题 6.3-20.xls”为名保存到考生文件夹中。

(1) 按【6.3.20 A　第 20 题样文】利用 Sheet1 工作表中的数据，计算 “最小值”和“每季度总计”，结果放在相应的单元格中。

(2) 按【6.3.20 B　第 20 题样文】利用 Sheet2 工作表中的数据，以“第四季度”为主要关键字，升序排序。

(3) 按【6.3.20 C　第 20 题样文】利用 Sheet3 工作表“第一季度各家电城彩电销售情况表”和“第二季度各家电城彩电销售情况表”中的数据，在“上半年各家电城彩电销售情况表”中进行“求和”合并计算。

(4) 按【6.3.20 D　第 20 题样文】利用 Sheet4 工作表中的数据，以“品牌”为分类字段，将第四季度的销量进行“平均值”分类汇总。

【6.3.1 A　第 1 题样文】

学 生 成 绩 表

姓名	专业	语文	数学	英语	总分	平均分	评语
张虎	计算机	85	90	98	273	91.00	
李映	数控	65	78	85	228	76.00	
王欣	计算机	75	85	90	250	83.33	
赵丹	数控	60	65	75	200	66.67	
王三	机械	50	62	35	147	49.00	

【6.3.1 B　第 1 题样文】

学 生 成 绩 表

姓名	专业	语文	数学	英语	总分	平均分	评语
王三	机械	50	62	35	147	49.00	不及格
王欣	计算机	75	85	90	250	83.33	优秀
张虎	计算机	85	90	98	273	91.00	优秀
李映	数控	65	78	85	228	76.00	优良
赵丹	数控	60	65	75	200	66.67	优良

【6.3.1 C　第 1 题样文】

学 生 成 绩 表

姓名	专业	语文	数学	英语	总分	平均分	评语
王欣	计算机	75	85	90	335	83.75	优秀
张虎	计算机	85	90	98	362	90.5	优秀

【6.3.1 D　第 1 题样文】

学 生 成 绩 表

姓名	专业	语文	数学	英语	总分	平均分	评语
王欣	计算机	75	85	90	250	83.33	优秀
张虎	计算机	85	90	98	273	91.00	优秀
	计算机 汇总				523		
王三	机械	50	62	35	147	49.00	不及格
	机械 汇总				147		
李映	数控	65	78	85	228	76.00	优良
赵角	数控	60	65	75	200	66.67	优良
	数控 汇总				428		
	总计				1098		

【6.3.2 A　第 2 题样文】

家家惠超市第一季度销售情况表(元)					
类别	销售区间	一月	二月	三月	总计
食品类	食用品区	70800	90450	70840	232090
饮料类	食用品区	68500	58050	40570	167120
烟酒类	食用品区	90410	86500	90650	267560
服装、鞋帽类	服装区	90530	80460	64200	235190
针纺织品类	服装区	84100	87200	78900	250200
化妆品类	日用品区	75400	85500	88050	248950
日用品类	日用品区	61400	93200	44200	198800
体育器材	日用品区	50000	65800	43200	159000

【6.3.2 B　第 2 题样文】

家家惠超市第一季度销售情况表(元)				
类别	销售区间	一月	二月	三月
体育器材	日用品区	50000	65800	43200
日用品类	日用品区	61400	93200	44200
饮料类	食用品区	68500	58050	40570
食品类	食用品区	70800	90450	70840
化妆品类	日用品区	75400	85500	88050
针纺织品类	服装区	84100	87200	78900
烟酒类	食用品区	90410	86500	90650
服装、鞋帽类	服装区	90530	80460	64200

【6.3.2 C　第 2 题样文】

家家惠超市第一季度销售情况表(元)				
类别	销售区间	一月	二月	三月
食品类	食用品区	70800	90450	70840
烟酒类	食用品区	90410	86500	90650
服装、鞋帽类	服装区	90530	80460	64200
针纺织品类	服装区	84100	87200	78900
化妆品类	日用品区	75400	85500	88050
日用品类	日用品区	61400	93200	44200

【6.3.2 D　第 2 题样文】

全年销售情况表(万元)				
类别	第一连锁店	第二连锁店	第三连锁店	第四连锁店
体育器材	143	170	160	161
饮料类	175	172	135	134
食品类	128	151	144	151
服装、鞋帽类	168	140	118	115
烟酒类	119	156	141	134
针纺织品类	159	119	119	162
化妆品类	156	149	150	143
日用品类	125	126	108	135

【6.3.2 E　第 2 题样文】

家世界超市销售情况表(元)				
类别	销售区间	一月	二月	三月
	服装区 汇总	174630	167660	143100
	日用品区 汇总	186800	244500	175450
	食用品区 汇总	229710	235000	202060
	总计	591140	647160	520610

【6.3.3 A　第 3 题样文】

考试成绩统计表

学号	姓名	语文	数学	化学	英语	总成绩	平均成绩
20020601	张成祥	97	94	93	93	377	94
20020602	唐来云	80	73	69	87	309	77
20020603	张雷	85	71	67	77	300	75
20020604	韩文歧	88	81	73	81	323	81
20020605	郑俊霞	89	62	77	85	313	78
20020606	马云燕	91	68	76	82	317	79
20020607	王晓燕	86	79	80	93	338	85
20020608	贾莉莉	93	73	78	88	332	83
20020609	李广林	94	84	60	86	324	81
20020610	马丽萍	55	59	98	76	288	72
20020611	高云河	74	77	84	77	312	78
20020612	王卓然	88	74	77	78	317	79

【6.3.3 B　第 3 题样文】

考试成绩汇总表

学号	姓名	总成绩	平均成绩
20020601	张成祥	377	94
20020607	王晓燕	338	85
20020608	贾莉莉	332	83
20020609	李广林	324	81
20020604	韩文歧	323	81
20020606	马云燕	317	79
20020612	王卓然	317	79
20020605	郑俊霞	313	78
20020611	高云河	312	78
20020602	唐来云	309	77
20020603	张雷	300	75
20020610	马丽萍	288	72

【6.3.3 C　第 3 题样文】

考试成绩筛选表

学号	姓名	语文	数学	化学	英语
20020601	张成祥	97	94	93	93
20020607	王晓燕	86	79	80	93
20020608	贾莉莉	93	73	78	88
20020609	李广林	94	84	60	86

【6.3.3 D　第 3 题样文】

课程安排统计表		
课程名称	人数	课时
德育	285	186
离散数学	262	233
体育	242	237
线性代数	306	177
哲学	363	186

【6.3.3 E　第 3 题样文】

课程安排表			
课程名称	班级	人数	课时
大学语文 汇总		269	205
离散数学 汇总		262	233
微积分 汇总		349	203
英语 汇总		360	266
政经 汇总		246	245
总计		1486	1152

【6.3.4 A　第 4 题样文】

建筑材料销售统计(万元)

产品名称	销售地区	销售额
塑料	西北	2,324.00
钢材	华南	1,540.50
木材	华南	678.00
木材	西南	222.20
木材	华北	1,200.00
钢材	西南	902.00
塑料	东北	2,183.20
木材	华北	1,355.40
钢材	东北	1,324.00
塑料	东北	1,434.85
钢材	西北	135.00

总　计	13,299.15
平均销售额	1209.014

【6.3.4 B　第 4 题样文】

建筑材料销售统计

单位:万元

产品名称	销售地区	销售额
塑料	东北	2,183.20
钢材	东北	1,324.00
塑料	东北	1,434.85
木材	华北	1,200.00
木材	华北	1,355.40
钢材	华南	1,540.50
木材	华南	678.00
塑料	西北	2,324.00
钢材	西北	135.00
木材	西南	222.20
钢材	西南	902.00

【6.3.4 C　第 4 题样文】

统计表（万元）

产品名称	销售额
钢材	3,901.50
塑料	5,942.05
木材	3,455.60

【6.3.4 D　第 4 题样文】

建筑材料销售统计(万元)

产品名称	销售地区	销售额
	东北 汇总	4,942.05
	华北 汇总	2,555.40
	华南 汇总	2,218.50
	西北 汇总	2,459.00
	西南 汇总	1,126.30
	总计	13,299.15

【6.3.5 A　第 5 题样文】

职员登记表					
员工编号	部门	性别	年龄	籍贯	工资（元）
K12	开发部	男	30	陕西	2000
C24	测试部	男	32	江西	1600
W24	文档部	女	24	河北	1200
S21	市场部	男	26	山东	1800
S20	市场部	女	25	江西	1900
K01	开发部	女	26	湖南	1400
W08	文档部	男	24	广东	1200
C04	测试部	男	22	上海	1800

工资总计(元)	12900
平均工资(元)	1612.5
最高工资(元)	2000
最低工资(元)	1200

【6.3.5 B　第 5 题样文】

职员登记表					
员工编号	部门	性别	年龄	籍贯	工资（元）
C24	测试部	男	32	江西	1600
K12	开发部	男	30	陕西	2000
K01	开发部	女	26	湖南	1400
S21	市场部	男	26	山东	1800
S20	市场部	女	25	江西	1900
W24	文档部	女	24	河北	1200
W08	文档部	男	24	广东	1200
C04	测试部	男	22	上海	1800

【6.3.5 C　第 5 题样文】

职员登记表					
员工编号	**部门**	**性别**	**年龄**	**籍贯**	**工资**（元）
K12	开发部	男	30	陕西	2000
S21	市场部	男	26	山东	1800
S20	市场部	女	25	江西	1900
C04	测试部	男	22	上海	1800

【6.3.5 D　第 5 题样文】

分析表（元）

部门	工资
开发部	1700
测试部	1700
文档部	1200
市场部	1850

【6.3.5 E　第 5 题样文】

职员登记表					
员工编号	部门	性别	年龄	籍贯	工资（元）
C24	测试部	男	32	江西	1600
C04	测试部	男	22	上海	1800
	测试部 最大值				1800
K12	开发部	男	30	陕西	2000
K01	开发部	女	26	湖南	1400
	开发部 最大值				2000
S21	市场部	男	26	山东	1800
S20	市场部	女	25	江西	1900
	市场部 最大值				1900
W24	文档部	女	24	河北	1200
W08	文档部	男	24	广东	1200
	文档部 最大值				1200
	总计最大值				2000

【6.3.6 A　第 6 题样文】

方雨计算机公司职员工资表（元）				
姓名	学历	基本工资	保险费	应发薪资
楚玲	大专	300	60	240
刘平	本科	400	60	340
芮莹	大专	350	70	280
雅莉英	本科	324	50	274
朱旺	大专	364	50	314
秋月	本科	530	40	490

【6.3.6 B　第 6 题样文】

方雨计算机公司职员工资表（元）				
姓名	学历	基本工资	保险费	应发薪资
朱旺	大专	364	50	314
雅莉英	本科	324	50	274
芮莹	大专	350	70	280
秋月	本科	530	40	490
刘平	本科	400	60	340
楚玲	大专	300	60	240

【6.3.6 C　第 6 题样文】

联想计算机公司职员工资表（元）				
姓名	学历	基本工资	保险费	应发薪资
刘平	本科	2400	60	2340
雅莉英	本科	1324	50	1274
秋月	本科	1530	40	1490

【6.3.6 D　第 6 题样文】

应发工资表（元）	
姓名	应发工资
祖海	2000
张玉	3000
吴佩云	2400
汤灿	1600
孟英怡	3000
吴江	1800

【6.3.6 E　第 6 题样文】

姓名	学历	基本工资(元)	保险费（元）	应发薪资（元）
玲楚	本科	2400	60	2340
雅莉英	本科	1324	50	1274
楚玲	本科	1530	40	1490
	本科 汇总			5104
刘露	大专	1300	60	1240
芮莹	大专	2350	70	2280
朱旺	大专	3264	50	3214
	大专 汇总			6734
	总计			11838

【6.3.7 A　第 7 题样文】

个　人　应　交　纳　税（元）

姓名	工资	应纳税率	纳税额	实发工资
李　蓝	1000	10.00%	20	980.00
张　萍	987	5.00%	9	977.65
刘　华	1000	10.00%	20	980.00
王　力	1254	10.00%	45	1208.60
张　芳	2080	10.00%	128	1952.00
周震邦	2130	10.00%	133	1997.00
江海涛	2370	10.00%	157	2213.00
张建涛	3467	10.00%	267	3200.30

【6.3.7 B　第 7 题样文】

个　人　应　交　纳　税（元）

姓名	部门	工　资	应纳税率	纳税额	实发工资
李　蓝	电子商务系	1000	10.00%	20	980.00
张建涛	电子商务系	3467	10.00%	267	3200.30
周震邦	电子商务系	2130	10.00%	133	1997.00
	电子商务系 汇总				6177.30
江海涛	计算机系	2370	10.00%	157	2213.00
王　力	计算机系	1254	10.00%	45	1208.60
张　萍	计算机系	987	5.00%	9	977.65
	计算机系 汇总				4399.25
刘　华	资产处	1000	10.00%	20	980.00
张　芳	资产处	2080	10.00%	128	1952.00
	资产处 汇总				2932.00
	总计				13508.55

【6.3.8 A　第 8 题样文】

利达公司工资表（元）						
姓名	部门	职称	基本工资	奖金	津贴	实发工资
王辉杰	设计室	技术员	850	600	100	1550
吴圆圆	后勤部	技术员	875	550	100	1525
张勇	工程部	工程师	1000	568	180	1748
李波	设计室	助理工程师	925	586	140	1651
司慧霞	工程部	助理工程师	950	604	140	1694
王刚	设计室	助理工程师	920	622	140	1682
谭华	工程部	工程师	945	640	180	1765
赵军伟	设计室	工程师	1050	658	180	1888
周健华	工程部	技术员	885	576	100	1561
任敏	后勤部	技术员	910	594	100	1604
韩禹	工程部	技术员	825	612	100	1537
周敏捷	工程部	助理工程师	895	630	140	1665

【6.3.8 B　第 8 题样文】

利达公司工资表（元）					
姓名	部门	职称	基本工资	奖金	津贴
赵军伟	设计室	工程师	1050	658	180
张勇	工程部	工程师	1000	568	180
司慧霞	工程部	助理工程师	950	604	140
谭华	工程部	工程师	945	640	180
李波	设计室	助理工程师	925	586	140
王刚	设计室	助理工程师	920	622	140
任敏	后勤部	技术员	910	594	100
周敏捷	工程部	助理工程师	895	630	140
周健华	工程部	技术员	885	576	100
吴圆圆	后勤部	技术员	875	550	100
王辉杰	设计室	技术员	850	600	100
韩禹	工程部	技术员	825	612	100

【6.3.8 C　第 8 题样文】

利达公司前两个月所付工程原料款(元)				
原料	德银工程	城市污水工程	商业大厦工程	银河剧院工程
细沙	11000	4000	6000	18000
大沙	18000	1800	13000	25000
水泥	80000	12000	80000	130000
钢筋	140000	10500	110000	190000
空心砖	10000	2000	20000	15000
木材	4000	1000	7000	18000

【6.3.8 D　第 8 题样文】

利达公司工资表（元）					
姓名	部门	职称	基本工资	奖金	津贴
张勇	工程部	工程师	1000	568	180
谭华	工程部	工程师	945	640	180
司慧霞	工程部	助理工程师	950	604	140
周健华	工程部	技术员	885	576	100
韩禹	工程部	技术员	825	612	100
周敏捷	工程部	助理工程师	895	630	140
	工程部 汇总		5500		
吴圆圆	后勤部	技术员	875	550	100
任敏	后勤部	技术员	910	594	100
	后勤部 汇总		1785		
王刚	设计室	助理工程师	920	622	140
王辉杰	设计室	技术员	850	600	100
赵军伟	设计室	工程师	1050	658	180
李波	设计室	助理工程师	925	586	140
	设计室 汇总		3745		
	总计		11030		

【6.3.9 A　第 9 题样文】

工资发放表（元）

职工号	姓名	职称	基本工资	奖金	津贴	实发工资
1001	李明	工程师	1000.66	50	61	1111.66
1002	李三	工程师	860.126	85.5	61	1006.63
1004	孙云	工程师	987.5	65.5	80	1133
1005	王七	技师	500.16	5.6	61	566.76
1003	张四	教授	1200	460	62	1722
1006	张函	工程师	987.35	65.6	80	1132.95
1008	王七	技师	500.16	5.6	61	566.76
1007	张四	教授	1200	460	62	1722

【6.3.9 B　第 9 题样文】

工资发放表（元）

职工号	姓名	职称	基本工资	奖金	津贴	实发工资
1003	张瑾	教授	1200	460	62	1722
1007	阎静	教授	1200	460	62	1722

【6.3.9 C　第 9 题样文】

工资发放表（元）

职工号	姓名	职称	基本工资	奖金	津贴	实发工资
1003	张瑾	教授	1200	460	62	1722
1007	阎静	教授	1200	460	62	1722
		教授 平均值				1722
1005	王盼	技师	500.16	5.6	61	566.76
1008	王七	技师	500.16	5.6	61	566.76
		技师 平均值				566.76
1001	李明	工程师	1000.66	50	61	1111.66
1002	余平	工程师	860.126	85.5	61	1006.63
1004	孙云	工程师	987.5	65.5	80	1133
1006	张函	工程师	987.35	65.6	80	1132.95
		工程师 平均值				1096.06
		总计平均值				1120.22

【6.3.10 A　第 10 题样文】

锦园地产工资发放表（元）

职工号	姓名	职称	基本 工资	奖金	实发 工资	应发 工资
1001	王力	总经理	3500	200	3700	
1002	李明	工程师	1000	50	1050	
1003	李三	会计师	860	85	945	
1004	张军	工程师	987	66	1052.5	
1005	王义	统计师	500	30	530	
1006	张好	工程师	1200	160	1360	
1007	成思	工程师	987	66	1052.6	
1008	汤灿	会计师	500	40	540	
1009	刘华	统计师	1200	160	1360	

【6.3.10 B　第 10 题样文】

锦园地产工资发放表（元）

职工号	姓名	职称	基本工资	奖金	实发工资	应发工资
1001	王力	总经理	3500	200	3700	3720
1002	李明	工程师	1000	50	1050	1090
1003	李三	会计师	860	85	945	965
1004	张军	工程师	987	65	1052	1092
1005	王义	统计师	500	30	530	550
1006	张好	工程师	1200	160	1360	1400
1007	成思	工程师	987	65	1052	1092
1008	汤灿	会计师	500	40	540	560
1009	刘华	统计师	1200	160	1360	1380

【6.3.10 C　第 10 题样文】

锦园地产工资发放表（元）

职工号	姓名	职称	基本工资	奖金	实发工资	应发工资
1002	李明	工程师	1000	50	1050	1090
1004	张军	工程师	987	65	1052	1092
1006	张好	工程师	1200	160	1360	1400
1007	成思	工程师	987	65	1052	1092
		工程师 汇总			4514	
1003	李三	会计师	860	85	945	965
1008	汤灿	会计师	500	40	540	560
		会计师 汇总			1485	
1005	王义	统计师	500	30	530	550
1009	刘华	统计师	1200	160	1360	1380
		统计师 汇总			1890	
1001	王力	总经理	3500	200	3700	3720
		总经理 汇总			3700	
		总计			11589	

【6.3.11 A　第 11 题样文】

分公司销售表（元）

公司名称	一季度	二季度	三季度	四季度	总额	百分比
北京公司	2000	5600	9700	6900	24200	
北京公司	23000	5600	89700	56900	175200	
成都公司	22000	1100	3400	3300	29800	
成都公司	22000	1100	3400	3300	29800	
上海公司	89999	78000	4500	8700	181199	
上海公司	89999	78000	4500	8700	181199	

【6.3.11 B　第 11 题样文】

分公司平均销售表（元）

公司名称	一季度	二季度	三季度	四季度	总额	百分比
北京公司	12500	5600	49700	31900	99700	32%
成都公司	22000	1100	3400	3300	29800	10%
上海公司	89999	78000	4500	8700	181199	58%

【6.3.11 C　第 11 题样文】

分公司销售表（元）

公司名称	一季度	二季度	三季度	四季度	总额	百分比
北京公司	2000	5600	9700	6900	24200	
北京公司	23000	5600	89700	56900	175200	
北京公司 汇总	25000					
成都公司	22000	1100	3400	3300	29800	
成都公司	22000	1100	3400	3300	29800	
成都公司 汇总	44000					
上海公司	89999	78000	4500	8700	181199	
上海公司	89999	78000	4500	8700	181199	
上海公司 汇总	179998					
总计	248998					

【6.3.12 A　第 12 题样文】

世界五大城市降雨量表　　单位：厘米

城市	洲	一月	三月	五月	七月	九月	十一月	平均雨量
曼谷	亚洲	1.00	2.00	4.00	20.00	28.00	7.00	10.33
香港	亚洲	3.00	7.00	30.00	36.00	25.00	6.00	17.83
里约热内卢	南美洲	5.00	12.00	7.00	3.00	8.00	10.00	7.50
佩斯	澳洲	2.00	3.00	12.00	17.00	9.00	3.00	7.67
悉尼	澳洲	9.00	12.00	11.00	13.00	8.00	7.00	10.00
总计		20.00	36.00	64.00	89.00	78.00	33.00	

【6.3.12 B　第 12 题样文】

世界五大城市降雨量表　　单位:厘米

城市	洲	一月	三月	五月	七月	九月	十一月
佩斯	澳洲	2	3	12	17	9	3
悉尼	澳洲	9	12	11	13	8	7
里约热内卢	南美洲	5	12	7	3	8	10
曼谷	亚洲	1	2	4	20	28	7
香港	亚洲	3	7	30	36	25	6

【6.3.12 C　第 12 题样文】

以洲为单位汇总　　　　单位：厘米

洲	一月	三月	五月	七月	九月	十一月
亚洲	4	9	34	56	53	13
南美洲	5	12	7	3	8	10
澳洲	11	15	23	30	17	10

【6.3.12 D　第 12 题样文】

世界五大城市降雨量表　　　　单位：厘米

城市	洲	一月	三月	五月	七月	九月	十一月
佩斯	澳洲	2	3	12	17	9	3
悉尼	澳洲	9	12	11	13	8	7
	澳洲 汇总			23			
里约热内卢	南美洲	5	12	7	3	8	10
	南美洲 汇总			7			
曼谷	亚洲	1	2	4	20	28	7
香港	亚洲	3	7	30	36	25	6
	亚洲 汇总			34			
	总计			64			

【6.3.13 A　第 13 题样文】

恒大市各中学高考上线人数情况统计表

类别	录取批次	恒大中学	华夏中学	恒大四高	阳夏中学	淮海中学	最大值
普通类	本科一批	55	63	12	38	22	63
普通类	本科 二批	202	180	230	190	164	230
普通类	本科三批	280	290	290	300	274	300
普通类	高职高专	346	404	301	409	384	409
体育类	本科	5	3	12	2	18	18
体育类	专科	8	2	18	5	12	18
艺术类	本科	7	5	21	6	19	21
艺术类	专科	4	5	18	3	23	23

【6.3.13 B　第 13 题样文】

恒大市各中学高考上线人数情况统计表

学校	本科上线人数	专科上线人数	总上线人数
恒大四高	565	337	902
恒大中学	549	358	907
华夏中学	541	411	952
阳夏中学	536	417	953
淮海中学	497	419	916

【6.3.13 C　第 13 题样文】

恒大市各中学高考上线人数情况统计表

学校	本科上线人数	专科上线人数	总上线人数
恒大中学	549	358	907
华夏中学	541	411	952
恒大四高	565	337	902
阳夏中学	536	417	953

【6.3.13 D　第 13 题样文】

高考上线人数总计

类别	录取批次	上线人数
普通类	本科一批	190
普通类	本科二批	966
普通类	本科三批	1434
普通类	高职高专	1844
体育类	本科	40
体育类	专科	45
艺术类	本科	58
艺术类	专科	53

【6.3.13 E　第 13 题样文】

高考上线人数情况表

类别	录取批次	恒大中学	华夏中学	恒大四高	阳夏中学	淮海中学
艺术类	专科	4	5	18	3	23
艺术类	本科	7	5	21	6	19
艺术类 汇总		11	10	39	9	42
体育类	专科	8	2	18	5	12
体育类	本科	5	3	12	2	18
体育类 汇总		13	5	30	7	30
普通类	高职高专	346	404	301	409	384
普通类	本科一批	55	63	12	38	22
普通类	本科三批	280	290	290	300	274
普通类	本科二批	202	180	230	190	164
普通类 汇总		883	937	833	937	844
总计		907	952	902	953	916

【6.3.14 A　第 14 题样文】

航天公司 A 门市部一季度产品销售利润(万元)				
产品名称	一月	二月	三月	合计
水泥	12	23	28	63
钢材	50	35	61	146
沥青	5	8	6	19
铜铂	15	13	14	42
木材	10	9	8	27
筘模	5	10	5	20

航天公司 B 门市部一季度产品销售利润 单位:万元				
产品名称	一月	二月	三月	合计
水泥	10	20	18	48
钢材	30	30	50	110
沥青	8	5	5	18
铜铂	12	12	24	48
木材	8	5	10	23
筘模	10	5	8	23

【6.3.14 B　第 14 题样文】

西安航天中学教师工资表（元）					
姓名	性别	职称	学历	奖金	补贴
董军	男	二级	中专	100	25
秦稳孔	男	一级	本科	160	30
李畅	男	一级	本科	120	36
李宁霞	女	一级	大专	130	28
张立平	女	高级	中专	200	40
刘玉玲	女	一级	中专	120	29
史明	男	二级	中专	150	28
王霞	女	一级	大专	140	38
王传亮	男	二级	本科	150	30

【6.3.14 C　第 14 题样文】

西安航天中学女性教师工资表（元）					
姓名	性别	职称	学历	奖金	补贴
刘玉玲	女	一级	中专	120	29
李宁霞	女	一级	大专	130	28
张立平	女	高级	中专	200	40
王霞	女	一级	大专	140	38

【6.3.14 D　第 14 题样文】

航天公司门市部一季度产品销售利润　单位:万元				
产品名称	一月	二月	三月	合计
水泥	22	43	46	111
钢材	80	65	111	256
沥青	13	13	11	37
铜铂	27	25	38	90
木材	18	14	18	50
箭模	15	15	13	43

【6.3.14 E　第 14 题样文】

各科室人员奖金分配表（元）					
姓名	科室	职称	学历	奖金	补贴
刘玉玲	化工组	一级	中专	120	29
董军	化工组	二级	中专	100	25
史明	化工组	二级	中专	150	28
李畅	化工组	一级	本科	120	36
	化工组 平均值			122.5	
张立平	体音美	高级	中专	200	40
秦稳孔	体音美	一级	本科	160	30
	体音美 平均值			180	
李宁霞	语外组	一级	大专	130	28
王传亮	语外组	二级	本科	150	30
王霞	语外组	一级	大专	140	38
	语外组 平均值			140	
	总计平均值			141.111	

【6.3.15 A　第 15 题样文】

员工应发工资表（元）			
姓名	基本工资	加班工资	应发工资
瓶儿	400	150	550
春梅	300	60	360
水仙	500	30	530
百合	780	90	870
玖瑰	360	60	420

【6.3.15 B　第 15 题样文】

员工应发工资表（元）			
姓名	基本工资	加班工资	应发工资
春梅	300	60	360
玖瑰	360	60	420

【6.3.15 C　第 15 题样文】

员工加班工资表	
姓名	加班天数
瓶儿	20
春梅	4
水仙	11
百合	8
玫瑰	10

【6.3.15 D　第 15 题样文】

二种苹果的批发价格(元/公斤)

市场	品种	价格
	富士苹果 平均值	5.47
	国光苹果 平均值	2.04
	总计平均值	3.91

【6.3.16 A　第 16 题样文】

咸阳市第一季度汽车销售情况(辆)					
品牌	产地	一月	二月	三月	总计
桑塔纳 2000	上海大众	600	900	850	2350
帕萨特	上海大众	580	790	860	2230
波罗	上海大众	640	680	600	1920
别克	上汽通用	780	890	980	2650
赛欧	上汽通用	350	380	480	1210
捷达王	一汽大众	800	600	750	2150
宝来	一汽大众	600	300	200	1100
奥迪 A6	一汽大众	320	380	330	1030
奥迪 A8	一汽大众	120	180	150	450

【6.3.16 B　第 16 题样文】

咸阳市第一季度汽车销售情况(辆)				
品牌	产地	一月	二月	三月
别克	上汽通用	780	890	980
帕萨特	上海大众	580	790	860
桑塔纳 2000	上海大众	600	900	850
捷达王	一汽大众	800	600	750
波罗	上海大众	640	680	600
赛欧	上汽通用	350	380	480
奥迪 A6	一汽大众	320	380	330
宝来	一汽大众	600	300	200
奥迪 A8	一汽大众	120	180	150

【6.3.16 C　第 16 题样文】

咸阳市第一季度汽车销售情况(辆)				
品牌	产地	一月	二月	三月
桑塔纳 2000	上海大众	600	900	850
波罗	上海大众	640	680	600
别克	上汽通用	780	890	980
捷达王	一汽大众	800	600	750

【6.3.16 D　第 16 题样文】

咸阳市汽车销售表(辆)		
品牌	开元商城	延炼大厦
别克	8340	7372
帕萨特	9020	7580
桑塔纳 2000	10500	11000
捷达王	12560	12220
标致	3400	3200
广州本田	1240	1010
波罗	7920	7880

【6.3.16 E　第 16 题样文】

咸阳市汽车销售表(辆)			
品牌	产地	开元商城	延炼大厦
	上海大众 汇总	13480	12526
	一汽大众 汇总	7830	8180
	总计	21310	20706

【6.3.17 A　第 17 题样文】

鲜花销量统计表(朵)

品种	经销商	周一	周二	周三	最大值
玫瑰	钟楼	800	760	580	800
康乃馨	钟楼	480	440	680	680
满天星	钟楼	580	630	710	710
百合	钟楼	640	580	610	640
玫瑰	东门	980	960	610	980
康乃馨	东门	620	360	230	620
百合	东门	360	480	210	480
菊花	小寨	210	103	310	310
君子兰	小寨	360	210	480	480
月季	小寨	480	560	320	560

【6.3.17 B　第 17 题样文】

鲜花销量统计表(朵)

品种	经销商	周一	周二	周三
玫瑰	钟楼	800	760	580
百合	钟楼	640	580	610

【6.3.17 C　第 17 题样文】

各类鲜花平均价格(元/朵)

品名	平均价格
玫瑰	0.42
康乃馨	0.25
满天星	0.47
百合	2.73
月季	0.20
菊花	0.29

【6.3.17 D　第 17 题样文】

鲜花销量统计表(朵)

品种	经销商	周一	周二	周三
百合	钟楼	640	580	610
百合	东门	360	480	210
百合 最大值		640	580	610
菊花	小寨	210	103	310
菊花 最大值		210	103	310
君子兰	小寨	360	210	480
君子兰 最大值		360	210	480
康乃馨	钟楼	480	440	680
康乃馨	东门	620	360	230
康乃馨 最大值		620	440	680
满天星	钟楼	580	630	710
满天星 最大值		580	630	710
玫瑰	钟楼	800	760	580
玫瑰	东门	980	960	610
玫瑰 最大值		980	960	610
月季	小寨	480	560	320
月季 最大值		480	560	320
总计最大值		980	960	710

【6.3.18 A　第 18 题样文】

2000－2003 年韩国出境、来华旅游人数

年份	出境人数	来华人数	来华占出境%
2000	16803000	1581747	9%
2001	15806000	1572054	10%
2002	16358000	1855197	11%
2003	17819000	2201528	12%

【6.3.18 B　第 18 题样文】

加拿大 2001 年对美国旅游市场的定位

美国休闲旅游市场	休闲游指数	美国会奖旅游市场	会奖游指数
沿太平洋	100	大西洋南部	100
中部靠东北	89	中部靠东北	97
大西洋中部	77	沿太平洋	92
大西洋南部	68	大西洋中部	85
新英格兰	57	山区	65
山区	47	中部靠西南	61
中部靠西北	44	中部靠西北	49
中部靠西南	42	新英格兰	49
中部靠东南	24	中部靠东南	37

【6.3.18 C　第 18 题样文】

各品种均价统计(元/吨)

品种	均价
柿饼	2115.3
豆粕	1757.0
红枣	2186.8

【6.3.18 D　第 18 题样文】

果品批发价格日报

批发市场	品种	价格
北京大钟寺	富士苹果	3.60
长沙马王堆	富士苹果	6.00
长沙红星	富士苹果	3.20
深圳布吉	富士苹果	7.00
东莞市果菜	富士苹果	2.20
	富士苹果 平均值	4.40
北京大钟寺	甜橙	12.00
晋大同振华	甜橙	10.00
	甜橙 平均值	11.00
天津金钟	鸭梨	0.90
包头市友谊	鸭梨	1.80
浙江嘉兴	鸭梨	1.40
	鸭梨 平均值	1.37
	总计平均值	4.81

【6.3.19 A　第 19 题样文】

一汽丰田汽车报价日期表

品牌	车型	所在地	第一次报价时间	第二次报价时间	两次报价相差天数
丰田	丰田大霸王	大连	2006-9-15	2007-9-15	360
丰田	丰田佳美 2.4	大连	2006-9-15	2007-9-15	360
丰田	丰田大霸王	大连	2005-9-15	2007-9-15	720
丰田	丰田佳美 2.4	大连	2006-9-15	2007-9-15	360
一汽丰田	皇冠 Royal Saloon G	上海	2006-9-12	2007-9-12	360
一汽丰田	皇冠 Royal Saloon	上海	2006-9-12	2007-9-12	360

【6.3.19 B　第 19 题样文】

一汽丰田汽车报价日期表

品牌	车型	所在地	第一次报价时间	第二次报价时间	两次报价相差天数
一汽丰田	皇冠 Royal Saloon G	上海	2006-9-12	2007-9-12	360
一汽丰田	皇冠 Royal Saloon	上海	2006-9-12	2007-9-12	360
丰田	丰田大霸王	大连	2006-9-15	2007-9-15	360
丰田	丰田佳美 2.4	大连	2006-9-15	2007-9-15	360
丰田	丰田大霸王	大连	2005-9-15	2007-9-15	720
丰田	丰田佳美 2.4	大连	2006-9-15	2007-9-15	360

【6.3.19 C　第 19 题样文】

2006 年全年课时费发放表(元)

姓名	三月	五月	十月	十二月
金喜善	500	1000	200	400
张娜拉	100	500	300	500
金民贵	200	400	100	300
林芝	300	500	200	400

【6.3.19 D　第 19 题样文】

一汽丰田汽车报价日期表					
品牌	车型	所在地	第一次报价时间	第二次报价时间	两次报价相差天数
一汽丰田	皇冠 Royal Saloon G	上海	2006-9-12	2007-9-12	360
一汽丰田	皇冠 Royal Saloon	上海	2006-9-12	2007-9-12	360
一汽丰田 汇总					720
丰田	丰田大霸王	大连	2006-9-15	2007-9-15	360
丰田	丰田佳美2.4	大连	2006-9-15	2007-9-15	360
丰田	丰田大霸王	大连	2005-9-15	2007-9-15	720
丰田	丰田佳美2.4	大连	2006-9-15	2007-9-15	360
丰田 汇总					1800
总计					2520

【6.3.20 A　第 20 题样文】

蓝天家电城彩电销售情况统计表(台)						
品牌	型号	第一季度	第二季度	第三季度	第四季度	最小值
康佳彩电	K1943	24000	25000	25500	26000	24000
康佳彩电	K2144	26000	25500	24000	29000	24000
长虹彩电	C2954	56000	56600	65000	70000	56000
长虹彩电	C2578	54000	55000	56000	68000	54000
海信彩电	H2561	86000	65000	98000	54000	54000
海信彩电	H2978	65000	54000	85000	65000	54000
海信彩电	H3190	85000	80000	78000	86000	78000
每季度总计		396000	361100	431500	398000	

【6.3.20 B　第 20 题样文】

蓝天家电城彩电销售情况统计表(台)					
品牌	型号	第一季度	第二季度	第三季度	第四季度
康佳彩电	K1943	24000	25000	25500	26000
康佳彩电	K2144	26000	25500	24000	29000
海信彩电	H2561	86000	65000	98000	54000
海信彩电	H2978	65000	54000	85000	65000
长虹彩电	C2578	54000	55000	56000	68000
长虹彩电	C2954	56000	56600	65000	70000
海信彩电	H3190	85000	80000	78000	86000

【6.3.20 C　第 20 题样文】

上半年各家电城彩电销售情况表(台)			
品牌	国美	苏宁	永乐
康佳 K1943	58000	71000	83000
康佳 K2144	58000	78000	78000
长虹 C2954	102000	88000	108200
长虹 C2578	102000	71000	52000
海信 H2561	164000	135000	103200
海信 H2978	128000	137000	109000
海信 H3190	130000	116400	136000

【6.3.20 D　第 20 题样文】

蓝天家电城彩电销售情况统计表(台)					
品牌	型号	第一季度	第二季度	第三季度	第四季度
长虹彩电	C2578	54000	55000	56000	68000
长虹彩电	C2954	56000	56600	65000	70000
长虹彩电 平均值					69000
海信彩电	H2978	65000	54000	85000	65000
海信彩电	H3190	85000	80000	78000	86000
海信彩电	H2561	86000	65000	98000	54000
海信彩电 平均值					68333
康佳彩电	K1943	24000	25000	25500	26000
康佳彩电	K2144	26000	25500	24000	29000
康佳彩电 平均值					27500
总计平均值					56857.14

第 7 章　PowerPoint 2003

7.1　选　择　题

1．演示文稿软件 PowerPoint 2003 是(　)套装软件包的成员之一。

(A) Office 2003　　(B) Windows XP

(C) Windows 2003　　(D) Office XP

2．关于 PowerPoint 的说法正确的是(　)。

(A) 编辑能力一般，创作能力差

(B) 与 Word 及 Excel 的功能基本一样

(C) 提供了大量专业化的模板(Template)及剪辑艺术库

(D) 不能与其他应用程序共享数据

3．下列不属于在 PowerPoint 2003 中创建演示文稿的是(　)。

(A) 内容提示向导　　(B) 设计模板

(C) 新建文稿　　(D) 空演示文稿

4．PowerPoint 2003“文件”菜单中的“新建”命令其快捷键是(　)。

(A) Ctrl+P　　(B) Ctrl+N

(C) Ctrl+S　　(D) Ctrl+O

5．PowerPoint 2003 提供了(　)种应用幻灯片版式供用户创建演示文件时选用。

(A) 24　　(B) 28

(C) 29　　(D) 32

6．在 PowerPoint 2003 中利用内容提示向导创建演示文稿时，可选用的文稿输出方式有(　)种。

(A) 2　　(B) 4

(C) 5　　(D) 6

7．在 PowerPoint，演示文稿的作者必须非常注意演示文稿的两个要素，这两个要素是(　)。

(A) 内容和设计　　(B) 内容和模板

(C) 内容和视觉效果　　(D) 问题和解决方法

8．PowerPoint 2003 中“文件”菜单中的“保存”命令其快捷键是(　)。

(A) Ctrl+P　　(B) Ctrl+O

(C) Ctrl+N　　(D) Ctrl+S

9．保存 PowerPoint 2003 演示文稿的磁盘文件扩展名一般是(　)。

(A) .DOC　　(B) .TXT

(C) .XLS　　(D) .PPT

10．在 PowerPoint 2003 中，退出 PowerPoint 窗口的快捷键是(　)。

(A) Shift+F4　　(B) Alt+F4

(C) Ctrl+F4　　(D) F4

11．在 PowerPoint 2003 中，下列退出 PowerPoint 的操作方法中不正确的是(　)。

(A) 单击 PowerPoint 窗口标题栏右端的关闭按钮“×”

(B) 按快捷键 Alt+F4

(C) 双击 PowerPoint 标题栏左上角的“控制菜单”按钮

(D) 单击 PowerPoint 窗口的“文件”下拉菜单中的“关闭”命令

12．打开磁盘上已有的演示文稿的方法一般有(　)种。

(A) 1　　(B) 2

(C) 3　　(D) 6

13．PowerPoint 2003 中演示文稿与幻灯片的关系是(　)。

(A) 演示文稿中包含幻灯片

(B) 相互包含

(C) 幻灯片中有演示文稿

D) 相互独立

14．在幻灯片视图窗格中，在状态栏中出现了“幻灯片 3/10”的文字，这表示(　)。

(A) 共有 10 张幻灯片，目前只编辑了 3 张

(B) 共有 10 张幻灯片，目前显示的是第 3 张

(C) 共编辑了十分之三张的幻灯片

(D) 共有 10 张幻灯片，目前还有 3 张没有编辑

15．在 PowerPoint 2003 中，欲对文本或段落进行缩进设置，应选择的命令是(　)。

(A) “视图”菜单中的“标尺”命令

(B) “格式”菜单中的“行距”命令

(C) “工具”菜单中的“版式”命令

(D) “工具”菜单中的“样式检查”命令

16．改变 PowerPoint 2003 中文本字体的正确操作是(　)。

(A) 选择需要改变字体的文字，在“编辑”菜单中选择“字体”，再选择相应的字体

(B) 选择需要改变字体的文字，在“格式”菜单中选择“字体”，再选择相应的字体

(C) 选择需要改变字体的文字，在“工具”菜单中选择“字体”，再选择相应的字体

(D) 选择需要改变字体的文字，在“视图”菜单中选择“字体”，再选择相应的字体

17．PowerPoint 2003 中，使选定文字变粗的快捷键是(　)。

(A) Shift+B　　(B) Ctrl+B

(C) Alt+B　　(D) End+B

18．在 PowerPoint 2003 中，给选定文字加下划线的快捷键是(　)。

(A) Shift+U　　(B) Alt+U

(C) End+U　　(D) Ctrl+U

19．在 PowerPoint 2003 中，对已做过的有限次编辑操作，以下说法正确的是(　)。

(A) 不能对已作的操作进行撤消

(B) 能对已作的操作进行撤消，但不能恢复撤消后的操作

(C) 不能对已作的操作进行撤消，也不能恢复撤消后的操作

(D) 能对已作的操作进行撤消，也能恢复撤消后的操作

20．在 PowerPoint 2003 中，通过打开演示文稿窗口上的标尺，可设置文本或段落的缩进，打开“标尺”命令的正确的操作方法是(　)。

(A) 选中“编辑”菜单中的“标尺”命令

(B) 选中“插入”菜单中的“标尺”命令

(C) 选中“视图”菜单中的“标尺”命令

(D) 选中“格式”菜单中的“标尺”命令

21．在 PowerPoint 2003 中，显示和隐藏工具栏的操作是(　)。

(A) 隐藏“浮动工具栏”，可双击它

(B) 点击“视图”菜单中的“工具栏”，在弹出的菜单中单击需要显示或隐藏的工具栏名称

(C) 迅速隐藏工具栏可以用鼠标右键点击此工具栏

(D) 没有列在快捷菜单中的工具栏必须通过“工具”菜单中的“自定义”命令来添加

22．在 PowerPoint 2003 默认状态下，工具栏一般包括(　)。

(A) 常用工具栏、大纲工具栏、绘图工具栏

(B) 常用工具栏、格式工具栏、绘图工具栏

(C) 常用工具栏、格式工具栏、图片工具栏

(D) 常用工具栏、大纲工具栏、图片工具栏

23．以下命令中不是 PowerPoint 2003“格式”菜单中命令的是(　)。

(A) 对象　　(B) 幻灯片设计

(C) 背景　　(D) 打包

24．每一个文本元素在 PowerPoint 幻灯片中被视做一个(　)。

(A) 图像　　(B) 对象

(C) 字段　　(D) 占位符

25．在 PowerPoint 2003 中，不属于文本占位符的是(　)。

(A) 标题　　(B) 副标题

(C) 普通文本　　(D) 图表

26．在 PowerPoint 2003 中，下列不是幻灯片版式中组成部分的是(　)。

(A) 内容版式　　(B) 文字版式

(C) 对象版式　　(D) 文字和内容版式

27．在幻灯片视图方式下文本的编辑方法是(　)。

(A) 在 PowerPoint 的空白处　　(B) 用插入的方法

(C) 在文本框里　　(D) 在标题栏外

28．在幻灯片视图方式下，使用(　)菜单中的标尺命令，可显示或隐藏标尺。

(A) 格式　　(B) 工具

(C) 视图　　(D) 窗口

29. 在 PowerPoint 的组织结构图窗口中，如果要为某个部件添加若干下级分支，则应选择(　)按钮。

(A) 部下　　(B) 同事

(C) 经理　　(D) 助理

30. 在幻灯片上常用图表(　)。

(A) 可视化地显示数据　　(B) 可视化地显示文本

(C) 说明一个进程　　(D) 显示一个组织的结构

31. 对幻灯片的复制、删除、移动、重新排序、幻灯片间定时以及整体构思幻灯片都特别有用的视图是(　)。

(A) 幻灯片视图　　(B) 大纲视图

(C) 注释页视图　　(D) 幻灯片浏览视图

32. 在 PowerPoint 的(　)下，可以用拖动方法改变幻灯片的顺序。

(A) 幻灯片视图　　(B) 幻灯片浏览视图

(C) 备注页视图　　(D) 幻灯片放映

33. 在 PowerPoint 中，若想浏览文件中的标题和正文内容应选择(　)视图。

(A) 备注　　(B) 大纲

(C) 幻灯片　　(D) 幻灯片浏览

34. 在 PowerPoint 2003 中，决定幻灯片的初始配色方案是(　)。

(A) 观众　　(B) 幻灯片模版

(C) 应用程序　　(D) 样式

35. 以下用来插入一段声音剪辑的命令是(　)。

(A) 格式/影片和声音　　(B) 幻灯片放映/影片和声音

(C) 插入/影片和声音　　(D) 工具/影片和声音

36. 在 PowerPoint 2003 中，一般通过(　)方式解决插入的图片与母版背景不协调的问题。

(A) 将图片中不协调的部分剪辑掉　　(B) 改变图片的对比度

(C) 改变图片亮度　　(D) 重新着色

37. 启动幻灯片切换可以通过(　)命令。

(A) 格式/幻灯片切换　　(B) 幻灯片放映/幻灯片切换

(C) 插入/幻灯片切换　　(D) 工具/幻灯片切换

38. 在 PowerPoint 2003 中，同时选中几张不连续的幻灯片的方法是先选中第一张幻灯片，然后按下下面选项中的(　)键，继续选择接下来的幻灯片。

(A) Ctrl　　(B) Shift

(C) TAB　　(D) Alt

39. 在 PowerPoint 2003 中设置幻灯片的大小，需进行的操作是(　)。

(A) 选择“格式”菜单下的“页面设置”选项

(B) 选择“文件”菜单下的“页面设置”选项

(C) 选择“格式”菜单下的“边界设置”选项

(D) 选择“视图”菜单下的“边界设置”选项

40. 若计算机没有接打印机，则 PowerPoint 2003 将(　)。

(A) 不能进行幻灯片的放映，不能打印

(B) 按文件类型，有的能进行幻灯片的放映，有的不能进行幻灯片的放映

(C) 可以进行幻灯片的放映，不能打印

(D) 按文件大小，有的能进行幻灯片的放映，有的不能进行幻灯片的放映

41. “文件”菜单中的“打印”命令其快捷键是(　)。

(A) Ctrl+N　(B) Ctrl+O

(C) Ctrl+S　(D) Ctrl+P

42. 在打印设置中，不连续的打印页码之间用下列(　)符号相隔。

(A) “;”分号　(B) “,”逗号

(C) “-”连接号　(D) “_”下划线

43. 在 PowerPoint 2003 中，工具栏会出现“排练计时”按钮的视图是(　)。

(A) 幻灯片浏览视图　(B) 备注页视图

(C) 大纲视图　(D) 幻灯片视图

44. 在 PowerPoint 2003 中，要使幻灯片在放映时能够自动播放，需要为其设置(　)。

(A) 超接链接　(B) 排练计时

(C) 动作按钮　(D) 录制旁白

45. 在 PowerPoint 2003 中，启动排练计时可以使用(　)命令。

(A) 幻灯片放映/时间设置　(B) 幻灯片放映/时间格式

(C) 幻灯片放映/时间选项　(D) 幻灯片放映/排练计时

46. 在 PowerPoint 2003 中，如果想在切换幻灯片时添加声音，可以在(　)菜单下[幻灯片切换]命令中设置。

(A) 格式　(B) 编辑

(C) 插入　(D) 幻灯片放映

47. 在 PowerPoint 2003 中，要想重新安排幻灯片的放映方式，需要在(　)中进行。

(A) 幻灯片放映　(B) 大纲视图

(C) 注释页视图　(D) 幻灯片排序视图

48. 下面不是 PowerPoint 2003 的放映方式的是(　)。

(A) 演讲者放映(全屏幕)　(B) 观众自行浏览(窗口)

(C) 在展台浏览(全屏幕)　(D) 自行设计浏览

49. 在 PowerPoint 2003 中，按(　)键可以停止幻灯片播放。

(A) Ctrl　(B) Shift

(C) Esc　(D) Enter

50. 在 PowerPoint 2003 中，(　)不是演示文稿的输出形式。

(A) 打印输出　(B) 幻灯片放映

(C) 幻灯片拷贝　(D) 幻灯片显示

7.2 幻灯片的制作

7.2.1 第 1 题

利用 PowerPoint 软件，参照“素材”文件夹中“样文 7-1a”文件夹下的样文，完成以下操作后，以“zj7-1a.ppt”为名将其保存到考生文件夹中。

(1) 新建“标题幻灯片”版式幻灯片。

(2) 应用设计模板“mountain top”，添加“标题和文本”版式幻灯片，输入如样文所示的内容。

(3) 设置所有幻灯片标题：字体宋体，字号 44，加粗，阴影效果，颜色自定义(RGB：240，102，100)。设置所有幻灯片内容：中文字体楷体_GB2312，英文字体 Arial，字号 28，加粗，颜色为黄色(RGB：255，255，0)。

(4) 复制第二张幻灯片，将其插入到第二张幻灯片之后。

7.2.2 第 2 题

利用 PowerPoint 软件，参照“素材”文件夹中“样文 7-2a”文件夹下的样文，完成以下操作后，以“zj7-2a.ppt”为名将其保存到考生文件夹中。

(1) 新建“标题和竖排文字”版式幻灯片。

(2) 应用设计模板“profile”，添加“标题幻灯片”版式幻灯片，输入如样文所示的内容。

(3) 设置所有幻灯片标题：字体方正舒体，字号 48，加粗，字体颜色自定义(RGB：188，195，70)；阴影效果，下划线。设置所有幻灯片内容：中文字体楷体_GB2312，英文字体 Tahoma，字号 28，加粗，下划线，颜色为深蓝色(RGB：0，0，153)。

(4) 移动第二张幻灯片到第一张幻灯片之前。

7.2.3 第 3 题

利用 PowerPoint 软件，参照“素材”文件夹中“样文 7-3a”文件夹下的样文，完成以下操作后，以“zj7-3a.ppt”为名将其保存到考生文件夹中。

(1) 新建“标题幻灯片”版式幻灯片。

(2) 应用设计模板“Proposal”，添加“标题、文本与内容”版式幻灯片，输入如样文所示的内容。

(3) 在第二张幻灯片的相应位置插入剪贴画“computers, computing, females…”。

(4) 复制第二张幻灯片，插入到第二张幻灯片之后。

7.2.4 第 4 题

利用 PowerPoint 软件，参照“素材”文件夹中“样文 7-4a”文件夹下的样文，完成以下操作后，以“zj7-4a.ppt”为名将其保存到考生文件夹中。

(1) 新建“垂直排列标题与文本”版式幻灯片。

(2) 应用设计模板“Watermark”，添加“标题幻灯片”版式幻灯片，输入如样文所示的内容。

(3) 设置所有幻灯片标题：字体幼圆，字号 48，加粗，阴影效果，居中，颜色为深棕色(RGB：102，51，0)。设置所有幻灯片内容：中文字体楷体_GB2312，英文字体 Century Gothic，字号 32，加粗，下划线，颜色为黑色(RGB：0，0，0)。

(4) 移动第二张幻灯片到第一张幻灯片之前。

7.2.5 第 5 题

利用 PowerPoint 软件，参照“素材”文件夹中“样文 7-5a”文件夹下的样文，完成以下操作后，以“zj7-5a.ppt”为名将其保存到考生文件夹中。

(1) 新建“标题幻灯片”版式幻灯片。

(2) 应用设计模板“Globe”，添加“标题和内容”版式幻灯片，输入如样文所示的内容。

(3) 在第二张幻灯片的相应位置创建 6×2 表格，表格内容如样文，居中对齐。

(4) 复制第二张幻灯片，将其插入到第二张幻灯片之后。

7.2.6 第 6 题

利用 PowerPoint 软件，参照“素材”文件夹中“样文 7-6a”文件夹下的样文，完成以下操作后，以“zj7-6a.ppt”为名将其保存到考生文件夹中。

(1) 新建“标题幻灯片”版式幻灯片。

(2) 应用设计模板“吉祥如意”，添加“标题、内容与文本”版式幻灯片，输入如样文所示的内容。

(3) 在第二张幻灯片的相应位置插入图片：素材\zj7-6a.jpg，并对图片大小作适量调整。

(4) 复制第二张幻灯片，将其插入到第二张幻灯片之后。

7.2.7 第 7 题

利用 PowerPoint 软件，参照“素材”文件夹中“样文 7-7a”文件夹下的样文，完成以下操作后，以“zj7-7a.ppt”为名将其保存到考生文件夹中。

(1) 新建“标题幻灯片”版式幻灯片。

(2) 应用设计模板“古瓶荷花”，添加“标题、文本与图表”版式幻灯片，输入如样文所示的内容。

(3) 在第二张幻灯片的相应位置创建图表，图表所需数据如下：

	第 1 章	第 2 章	第 3 章	第 4 章
比例	18	22	28	32

(4) 复制第二张幻灯片，并将其插入到第二张幻灯片之后。

7.2.8 第 8 题

利用 PowerPoint 软件，参照“素材”文件夹中“样文 7-8a”文件夹下的样文，完成以下操作后，以“zj7-8a.ppt”为名将其保存到考生文件夹中。

(1) 新建“标题和两栏文本”版式幻灯片。

(2) 应用设计模板“Blends”，添加“标题幻灯片”版式幻灯片，输入如样文所示的内容。

(3) 设置所有幻灯片标题：中文字体华文新魏，英文字体 Garamond，字号加粗 60，阴影效果，颜色自定义(RGB：230，50，100)。设置所有幻灯片内容：中文字体幼圆，英文字体 Garamond，字号 32，加粗，颜色自定义(RGB：205，100，60)。

(4) 移动第二张幻灯片到第一张幻灯片之前。

7.2.9 第 9 题

利用 PowerPoint 软件，参照“素材”文件夹中“样文 7-9a”文件夹下的样文，完成以下操作后，以“zj7-9a.ppt”为名将其保存到考生文件夹中。

(1) 新建“标题幻灯片”版式幻灯片。

(2) 应用设计模板“Crayons”，添加“垂直排列标题和文本”版式幻灯片，输入如样文所示的内容。

(3) 设置所有幻灯片标题：中文字体华文行楷，英文字体 Comic Sans MS，字号 60，加粗，阴影效果，颜色自定义(RGB：102，0，51)。设置所有幻灯片内容：中文字体华文行楷，英文字体 Comic Sans MS，字号 32，加粗，颜色自定义(RGB：155，175，70)。

(4) 复制第二张幻灯片，将其插入到第二张幻灯片之后。

7.2.10 第 10 题

利用 PowerPoint 软件，参照“素材”文件夹中“样文 7-10a”文件夹下的样文，完成以下操作后，以“zj7-10a.ppt”为名将其保存到考生文件夹中。

(1) 新建“标题幻灯片”版式幻灯片。

(2) 应用设计模板“Balloons”，添加“标题、内容与文本”版式幻灯片，输入如样文所示的内容。

(3) 在第二张幻灯片的相应位置创建图表，图表所需数表如下：

	第 1 章	第 2 章	第 3 章	第 4 章
比例	30	25	15	30

(4) 复制第二张幻灯片，将其插入到第二张幻灯片之后。

7.2.11 第 11 题

利用 PowerPoint 软件，参照“素材”文件夹中“样文 7-11a”文件夹下的样文，完成以下操作后，以“zj7-11a.ppt”为名将其保存到考生文件夹中。

(1) 新建“标题与文本”版式幻灯片。

(2) 应用设计模板“Profile”，添加“标题幻灯片”版式幻灯片，输入如样文所示的内容。

(3) 设置所有幻灯片标题：字体楷体，字号 54，居中，颜色为蓝色(RGB：0，0，255)。

设置所有幻灯片内容：中文字体隶书，英文字体 Arial，字号 36，下划线，颜色自定义(RGB：100，0，100)。

(4) 移动第二张幻灯片到第一张幻灯片之前。

7.2.12 第 12 题

利用 PowerPoint 软件，参照“素材”文件夹中“样文 7-12a”文件夹下的样文，完成以下操作后，以“zj7-12a.ppt”为名将其保存到考生文件夹中。

(1) 新建“标题幻灯片”版式幻灯片。

(2) 应用设计模板“Network”，添加“标题和两栏文本”版式幻灯片，输入如样文所示的内容。

(3) 设置第一张幻灯片副标题：字体隶书，字号 40，右对齐，颜色为蓝色(RGB：0，0，255)。设置第二张幻灯片内容：字体幼圆，字号 40，颜色自定义(RGB：100，0，50)，阴影效果。

(4) 在第二张幻灯片后添加一张“空白”版式幻灯片。

7.2.13 第 13 题

利用 PowerPoint 软件，参照“素材”文件夹中“样文 7-13a”文件夹下的样文，完成以下操作后，以“zj7-13a.ppt”为名将其保存到考生文件夹中。

(1) 新建“标题和文本”版式幻灯片。

(2) 应用设计模板“古瓶荷花”，添加“标题、文本和内容”版式幻灯片，输入如样文所示的内容。

(3) 在第二张幻灯片的相应位置插入图片：素材\zj7-13a.jpg，并对图片大小作适量调整。

(4) 复制第一张幻灯片，并将其移到第二张幻灯片之后。

7.2.14 第 14 题

利用 PowerPoint 软件，参照“素材”文件夹中“样文 7-14a”文件夹下的样文，完成以下操作后，以“zj7-14a.ppt”为名将其保存到考生文件夹中。

(1) 新建“标题”版式幻灯片。

(2) 应用设计模板“Crayons”，添加“标题和文本在内容之上”版式幻灯片，输入如样文所示的内容。

(3) 在第二张幻灯片的相应位置插入表格，内容如样文所示，表格内容居中对齐。

(4) 设置第二张幻灯片中所有文字的颜色为蓝色(RGB：0，0，255)。

(5) 复制第一张幻灯片，并将其移到第二张幻灯片之后。

7.2.15 第 15 题

利用 PowerPoint 软件，参照“素材”文件夹中“样文 7-15a”文件夹下的样文，完成以下操作后，以“zj7-15a.ppt”为名将其保存到考生文件夹中。

(1) 新建“标题幻灯片”版式幻灯片。

(2) 应用设计模板“Watermark”，添加“标题和文本”版式幻灯片，输入如样文所示的内容。

(3) 设置第一张幻灯片标题：字体隶书，字号 60，居中对齐，颜色自定义(RGB：255，0，0)。设置第一张幻灯片副标题：字体隶书，字号 40，右对齐，加下划线，颜色自定义(RGB：0，0，255)。设置第二张幻灯片标题：字体楷体，字号 50，左对齐，颜色自定义(RGB：0，100，255)。设置第二张幻灯片内容：字体宋体，字号 40，倾斜，颜色自定义(RGB：255，100，0)，阴影效果。

(4) 复制第二张幻灯片，并将其插入到第二张幻灯片之后。

7.2.16　第 16 题

利用 PowerPoint 软件，参照“素材”文件夹中“样文 7-16a”文件夹下的样文，完成以下操作后，以“zj7-16a.ppt”为名将其保存到考生文件夹中。

(1) 新建“标题和文本”版式幻灯片。

(2) 应用设计模板“Pixel”，添加“标题和文本”版式幻灯片，输入如样文所示的内容。

(3) 设置第一、第二张幻灯片标题：字体黑体，字号 54，居中对齐，加粗，阴影效果。设置第一、第二张幻灯片内容：中文字体宋体，英文字体 Arial，字号 44，加粗，颜色自定义(RGB：0，0，100)。

(4) 复制第二张幻灯片，并将其插入到第二张幻灯片之后，并将其内容改为“再见”，格式不变。

7.2.17　第 17 题

利用 PowerPoint 软件，参照“素材”文件夹中“样文 7-17a”文件夹下的样文，完成以下操作后，以“zj7-17a.ppt”为名保存到考生文件夹中。

(1) 新建“标题幻灯片”版式幻灯片。

(2) 应用设计模板“吉祥如意”，添加“标题、文本与剪贴画”版式幻灯片，输入如样文所示的内容。

(3) 在第二张幻灯片的相应位置插入剪贴画“computers, computing, PCs，个人电脑…”。

(4) 复制第一张幻灯片，并将其移动到第二张幻灯片之后。

7.2.18　第 18 题

利用 PowerPoint 软件，参照“素材”文件夹中“样文 7-18a”文件夹下的样文，完成以下操作后，以“zj7-18a.ppt”为名将其保存到考生文件夹中。

(1) 新建“标题幻灯片”版式幻灯片。

(2) 应用设计模板“Capsules”，添加“标题和竖排文字”版式幻灯片，输入如样文所示的内容。

(3) 设置第一张幻灯片标题：字体隶书，字号 60，居中对齐，加粗，下划线。设置第二张幻灯片标题：字体隶书，字号 48，居中对齐，加粗，下划线。设置第二张幻灯片内容：字体楷体，字号 40，阴影效果，颜色自定义(RGB：0，200，200)。

(4) 复制第一张幻灯片，并将其移动到第二张幻灯片之后，并将标题内容改为“再见！”。

7.2.19 第 19 题

利用 PowerPoint 软件，参照“素材”文件夹中“样文 7-19a”文件夹下的样文，完成以下操作后，以“zj7-19a.ppt”为名将其保存到考生文件夹中。

(1) 新建“标题幻灯片”版式幻灯片。

(2) 应用设计模板“Edge”，添加“标题、文本与内容”版式幻灯片，输入如样文所示的内容。

(3) 在第二张幻灯片的相应位置创建图表，内容如下：

气体	比例
氮气	78.09
氧气	20.95
氩气	0.9

(4) 复制第二张幻灯片，并将其移动到第二张幻灯片之后。

7.2.20 第 20 题

利用 PowerPoint 软件，参照“素材”文件夹中“样文 7-20a”文件夹下的样文，完成以下操作后，以“zj7-20a.ppt”为名将其保存到考生文件夹中。

(1) 新建“标题幻灯片”版式幻灯片。

(2) 应用设计模板“Globe”，添加“标题、内容和文本”版式幻灯片，输入如样文所示的内容。

(3) 在第二张幻灯片的相应位置插入图片：\素材\zj7-20a.jpg，并对图片大小作适量调整。

(4) 复制第一张幻灯片，并将其移动到第二张幻灯片之后。

【7.2.1　第 1 题样文】

计算机的主要应用

- 数值计算：弹道轨迹、天气预报、高能物理
- 信息管理：企业管理、物资管理、电算化
- 过程控制：工业自动化控制，卫星飞行方向控制
- 辅助工程：CAD、CAM、CAT、CAI等

计算机的主要应用

- 数值计算：弹道轨迹、天气预报、高能物理
- 信息管理：企业管理、物资管理、电算化
- 过程控制：工业自动化控制，卫星飞行方向控制
- 辅助工程：CAD、CAM、CAT、CAI等

【7.2.2　第 2 题样文】

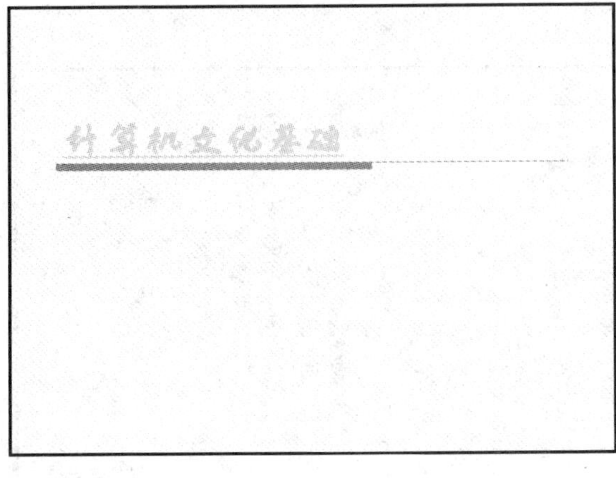

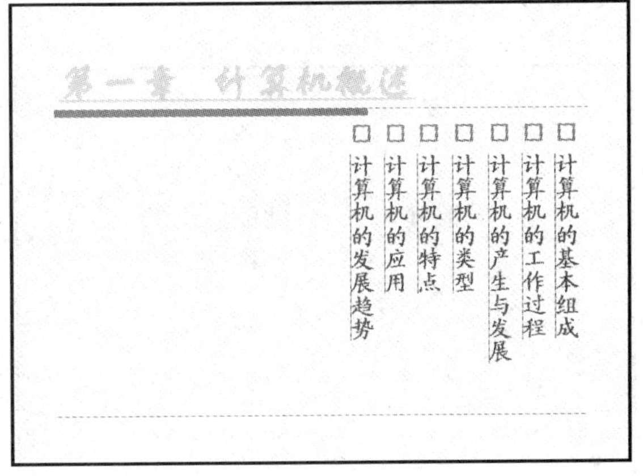

【7.2.3 第 3 题样文】

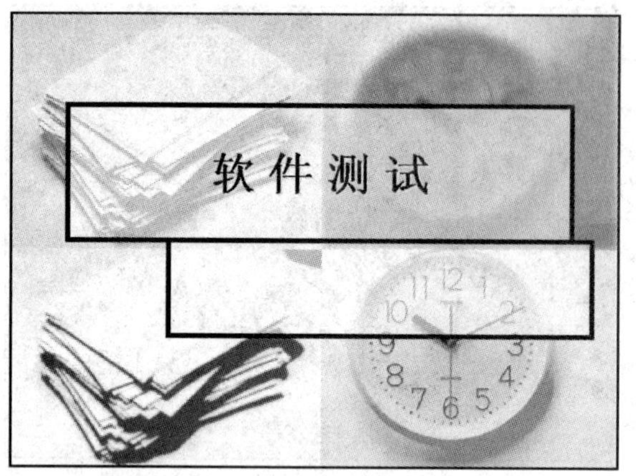

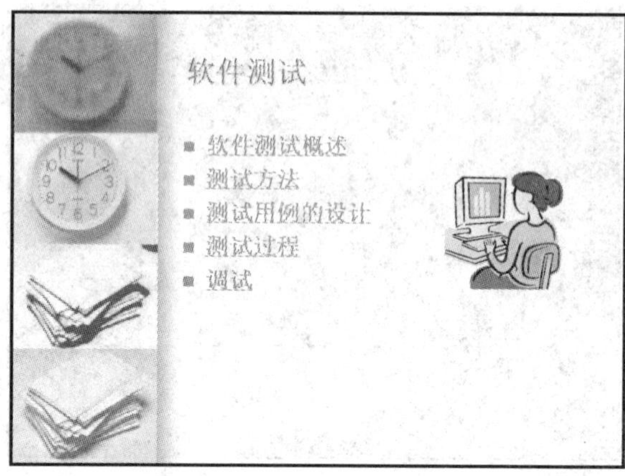

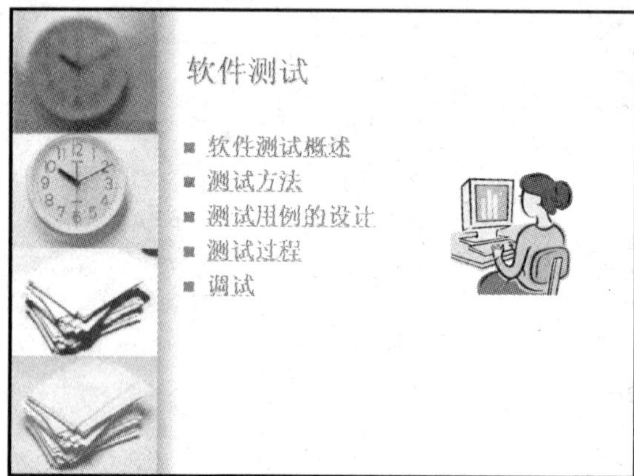

【7.2.4 第 4 题样文】

计算机应用基础教程

第一部分

第一章 计算机概述

第二章 计算机基础知识

第三章 Windows XP应用基础

第四章 Office 的作用与使用

第九章 计算机病毒的检测与预防

【7.2.5　第 5 题样文】

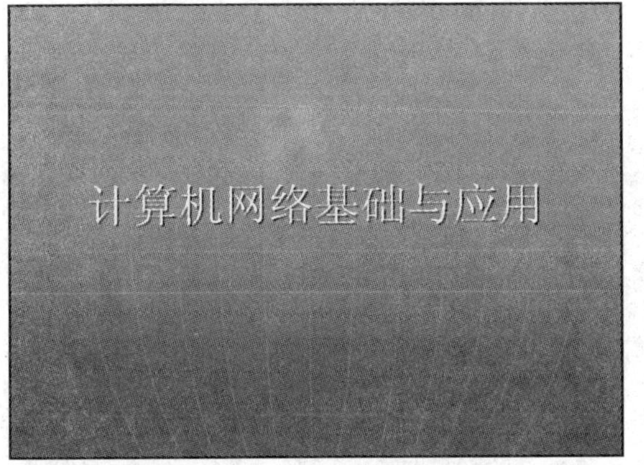

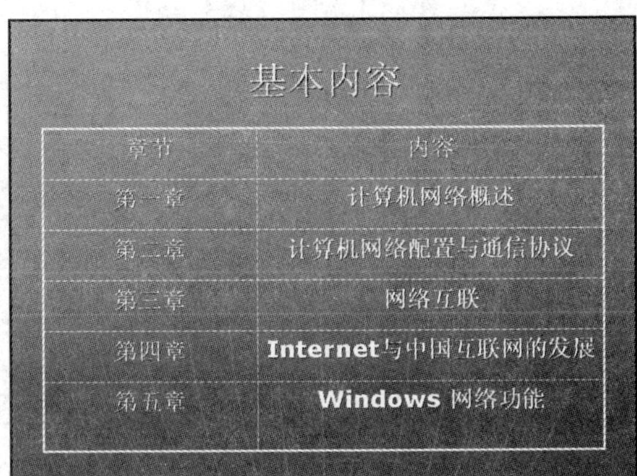
基本内容

章节	内容
第一章	计算机网络概述
第二章	计算机网络配置与通信协议
第三章	网络互联
第四章	**Internet**与中国互联网的发展
第五章	**Windows** 网络功能

基本内容

章节	内容
第一章	计算机网络概述
第二章	计算机网络配置与通信协议
第三章	网络互联
第四章	**Internet**与中国互联网的发展
第五章	**Windows** 网络功能

【7.2.6　第 6 题样文】

PowerPoint 2000的功能与使用

基本内容

- PowerPoint 2003概述
- 创建演示文稿
- 演示文稿的编辑
- 幻灯片的视图方式与制作
- 优化演示文稿
- 幻灯片的设置与文稿打印

基本内容
Microsoft Office PowerPoint 2003
PowerPoint 2003概述
创建演示文稿
演示文稿的编辑
幻灯片的视图方式与制作
优化演示文稿
幻灯片的设置与文稿打印

【7.2.7 第7题样文】

C语言程序设计

教学内容安排比例
第1章 C语言基础
第2章 顺序结构设计
第3章 选择结构设计
第4章 循环结构设计
35
30
25
20
15
10
5
0
第1章
第2章
第3章
第4章
比例

教学内容安排比例
第1章 C语言基础
第2章 顺序结构设计
第3章 选择结构设计
第4章 循环结构设计
35
30
25
20
15
10
5
0
第1章
第2章
第3章
第4章
比例

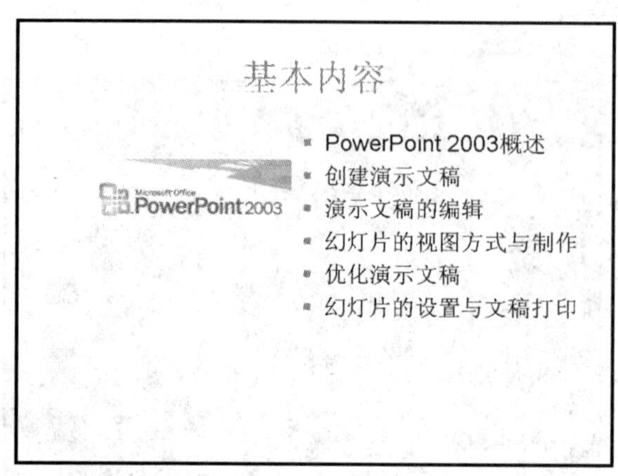

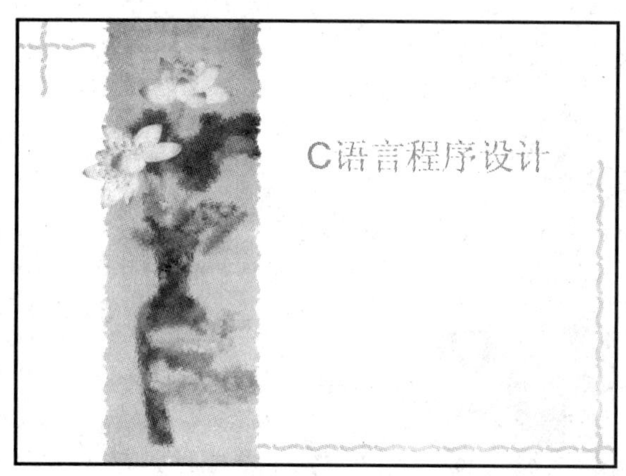

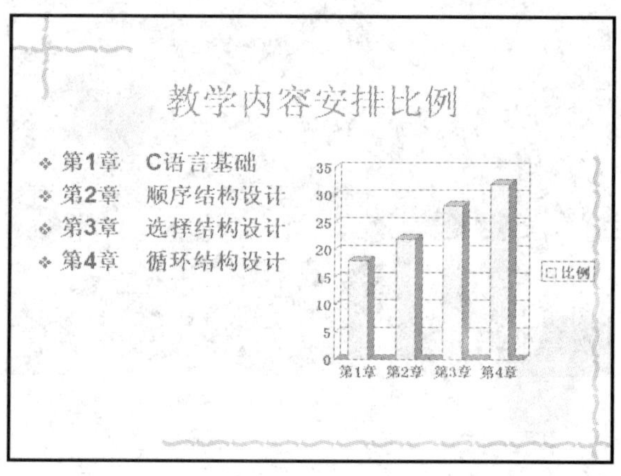

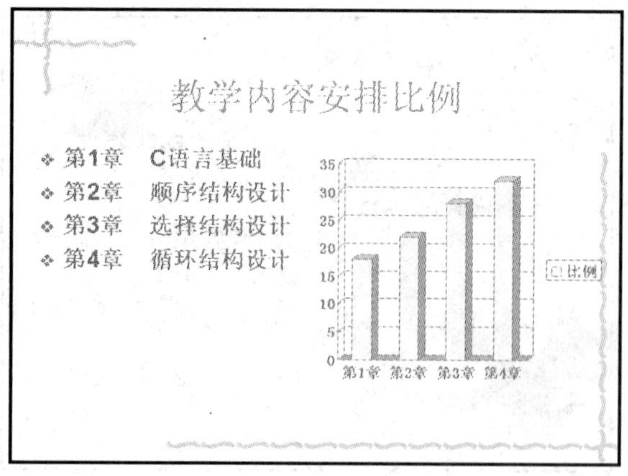

【7.2.8　第 8 题样文】

- Word 的基本功能
- Word 文档的建立、编辑、排版、管理与打印
- 使用样式与模板
- 表格制作与处理
- 图形功能
- 公式的编排
- Web页制作

【7.2.9　第 9 题样文】

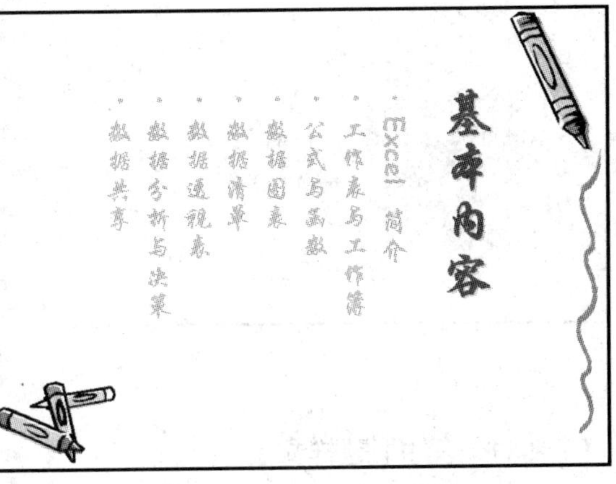

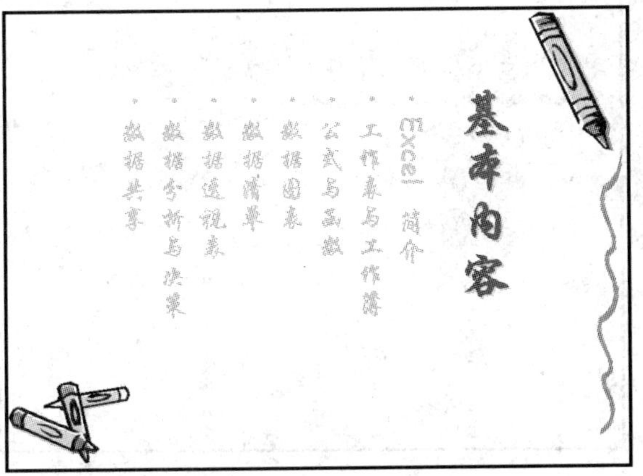

【7.2.10　第 10 题样文】

C语言程序设计
（中级篇）

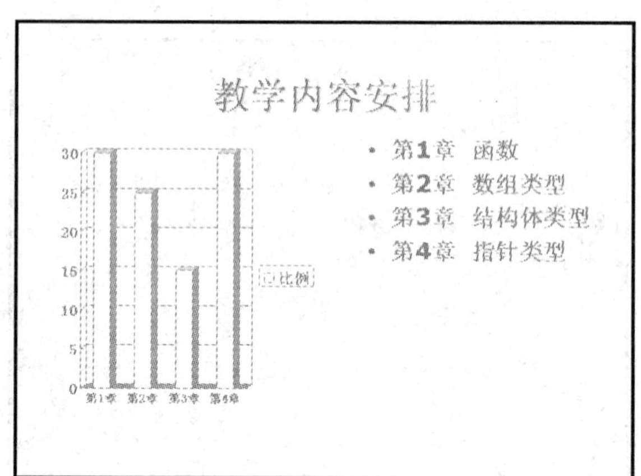

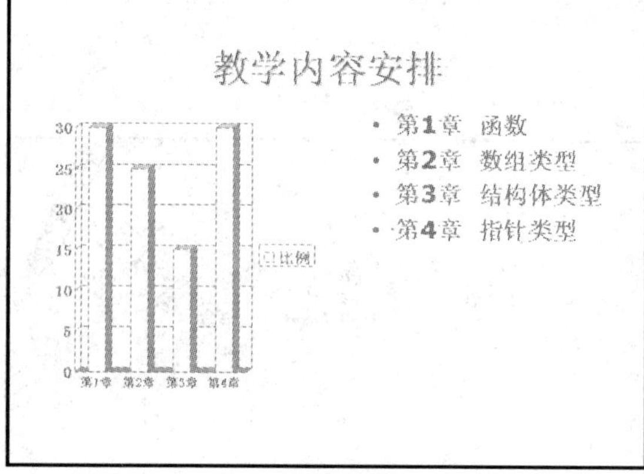

【7.2.11　第 11 题样文】

病毒知识

恶意病毒的“四大家族”

□ 宏病毒
□ CIH病毒
□ 蠕虫病毒
□ 木马病毒

【7.2.12　第 12 题样文】

计算机网络的主要功能

计算机网络知识

数据通信和共享资源

- 数据通信是指计算机网络中可以实现计算机与计算机之间的数据传送
- 共享资源包括共享硬件资源、软件资源和数据资源

【7.2.13　第 13 题样文】

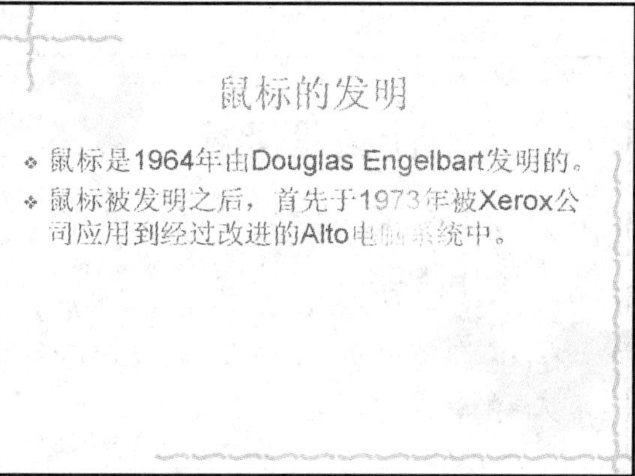

第一个鼠标成品

- 装置是一个小木头盒子，里面有两个滚轮，但只有一个按钮。

【7.2.14　第 14 题样文】

全球上网人数调查报告

- 2006年5月4日（美国东部时间），市场调研公司comScore Networks发布全球上网人数调查报告。

排名	1	2	3
国家	美国	中国	日本
人数	1.52亿	7200万	5200万

【7.2.15　第 15 题样文】

LCD显示器

显示器知识

为什么要购买LCD显示器

- 无辐射污染，安全环保，无损人体健康。
- 外型纤巧，节省空间。
- 真正的平面显示器，无变形、无失真。

【7.2.16　第 16 题样文】

什么是黑客

- 黑客一词，源于英文Hacker，原指热心于计算机技术，水平高超的电脑专家，尤其是程序设计人员。

什么是黑客

- 但到了今天，黑客一词已被用于泛指那些专门利用电脑搞破坏或恶作剧的家伙。对这些人的正确英文叫法是Cracker，有人翻译成“骇客”。

什么是黑客

- 再见

【7.2.17　第 17 题样文】

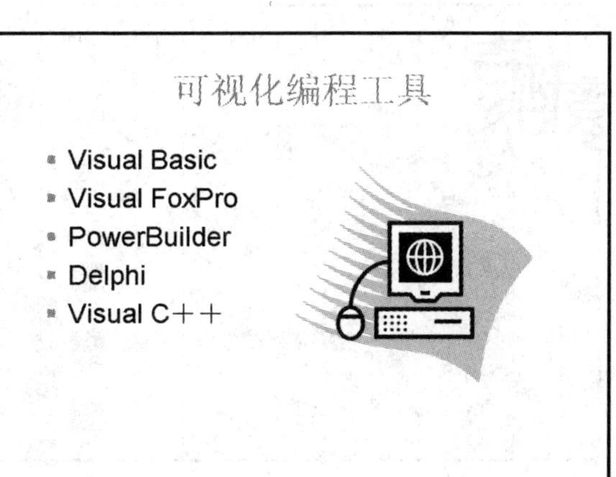

【7.2.18　第 18 题样文】

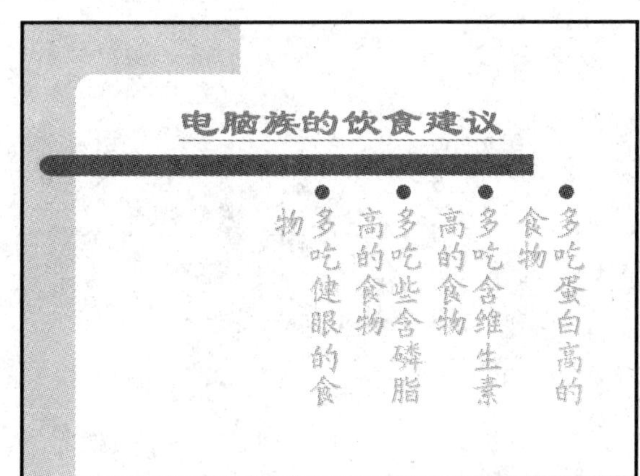

再见！

【7.2.19　第 19 题样文】

空气的知识
自然科学

空气的组成
氮气：78.09%
氧气：20.95%
氩气：0.9%，
其次微量的二氧化碳、氢、氦等气体，可以忽略不计
80
70
60
50
40
30
20
10
0
比例
氮气
氧气
氩气

空气的组成
氮气：78.09%
氧气：20.95%
氩气：0.9%，
其次微量的二氧化碳、氢、氦等气体，可以忽略不计
80
70
60
50
40
30
20
10
0
比例
氮气
氧气
氩气

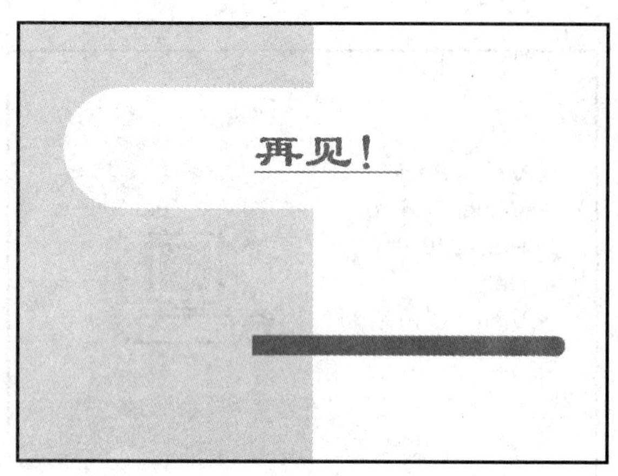

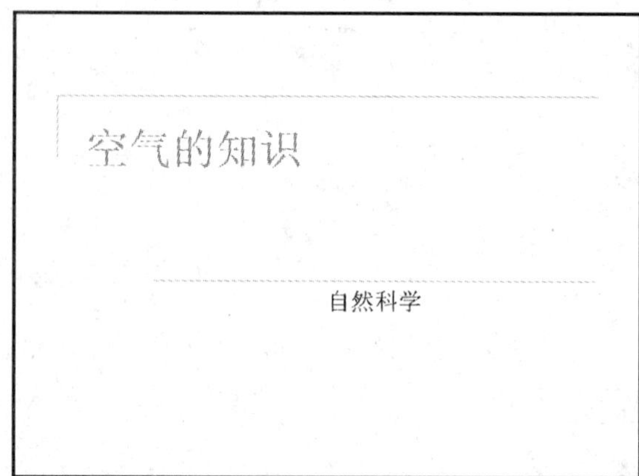

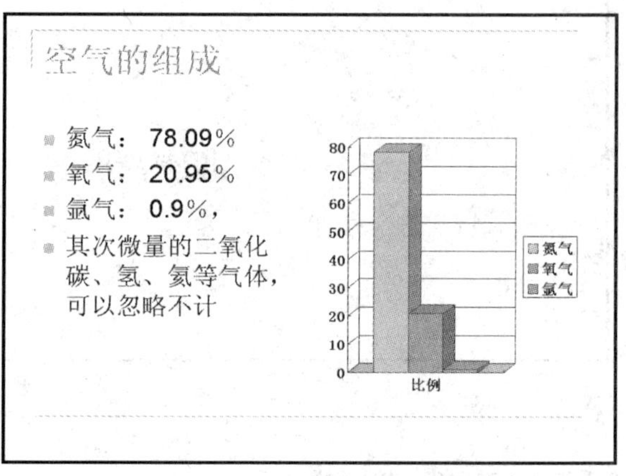

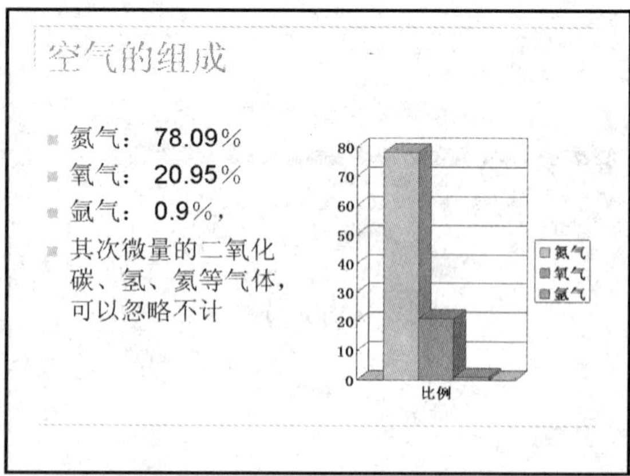

【7.2.20　第 20 题样文】

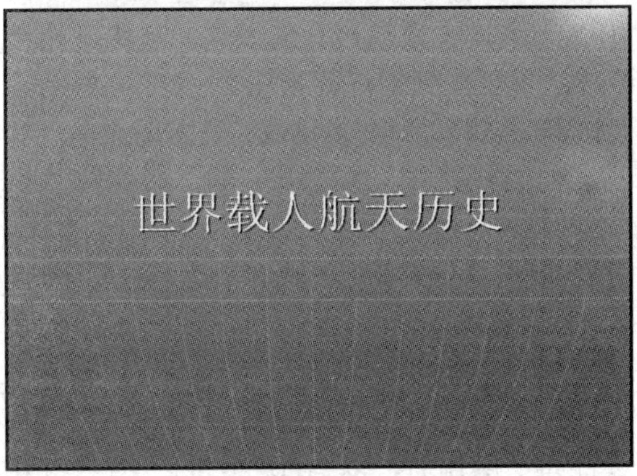

世界载人航天历史

7.3 幻灯片的编辑

7.3.1 第 1 题

打开“素材”文件夹下的“ppt7-1b.ppt”，进行如下操作后，以“zj7-1b.ppt”为名将其保存到考生文件夹中。

(1) 设置所有幻灯片采用背景填充效果：纹理/粉色面巾纸。

(2) 设置全部幻灯片切换方式为快速“盒状展开”，切换声音为“打字机”，换页方式为“单击鼠标换页”。

(3) 在第一张幻灯片右下角插入动作按钮“前进或下一项”，动作设置：单击鼠标链接到“下一张幻灯片”。在第二张幻灯片右下角插入动作按钮“后退或前一项”，动作设置：单击鼠标链接到“上一张幻灯片”。

(4) 设置第一张幻灯片背景音乐：素材\zj7-1b.mid。设置播放声音的效果：从头开始播放，在第三张幻灯片后停止播放。播放声音的计时：重复直到幻灯片末尾。

(5) 设置第一张幻灯片标题动画：进入效果为“随机效果”；文本动画：进入效果为“盒状”，方向为“内”，速度为“快速”。设置第二张幻灯片图片的动画效果：进入效果为“棋盘”，方向为“跨越”，速度为“非常快”，执行时间为“从上一项之后开始”。

(6) 设置放映幻灯片方式：放映类型为“演讲者放映(全屏幕)”；放映选项为“循环放映，按 Esc 键终止”。

7.3.2 第 2 题

打开“素材”文件夹下的“ppt7-2b.ppt”，进行如下操作后，以“zj7-2b.ppt”为名将其保存到考生文件夹中。

(1) 设置所有幻灯片背景为图片：素材\zj7-2b.jpg。

(2) 设置全部幻灯片切换方式为“横向棋盘式”，速度为“中速”，切换声音为“风铃”，换页方式：每隔 5 秒。

(3) 在第一张幻灯片右下角插入动作按钮“结束”，动作设置：单击鼠标链接到“最后一张幻灯片”。在第三张幻灯片右下角插入动作按钮“开始”，动作设置：单击鼠标链接到“第一张幻灯片”。

(4) 设置第一张幻灯片背景音乐：素材\zj7-2b.mid。设置播放声音的效果：从头开始播放，在第三张幻灯片后停止播放。播放声音的计时：重复直到幻灯片末尾。

(5) 设置第一张幻灯片标题动画：进入效果为“百叶窗”，方向为“垂直”，速度为“快速”；文本动画：进入效果为“飞入”，方向为“自左侧”，速度为“快速”。设置第二张幻灯片文本的动画效果：进入效果为“玩具风车”，速度为“中速”。执行时间为“从上一项开始”。

(6) 设置放映幻灯片方式：放映类型为观众自行浏览(窗口)，放映选项为“循环放映，按 Esc 键终止”。

7.3.3 第 3 题

打开“素材”文件夹下的“ppt7-3b.ppt”，进行如下操作后，以“zj7-3b.ppt”为名将其保存到考生文件夹中。

(1) 设置所有幻灯片采用背景填充效果：纹理/新闻纸。

(2) 设置第二张幻灯片切换方式为“水平梳理”，速度为“慢速”，换页方式为“单击鼠标换页”。设置第三张幻灯片切换方式为“垂直梳理”，速度为“慢速”，换页方式为“单击鼠标换页”。

(3) 在第二张幻灯片右下角插入动作按钮“上一张”，动作设置：单击鼠标链接到“最近观看的幻灯片”。在第三张幻灯片右下角插入动作按钮“第一张”，动作设置：单击鼠标链接到“第一张幻灯片”。

(4) 设置第二张幻灯片背景音乐：素材\zj7-3b.mid。设置播放声音的效果：从头开始播放，在第三张幻灯片后停止播放。播放声音的计时：重复直到幻灯片末尾。

(5) 设置第二张幻灯片剪贴画动画：进入效果为“轮子”，速度为“快速”，辐射状为“8”。设置第三张幻灯片标题动画：进入效果为“切入”，方向为“自顶部”，速度为“快速”。

(6) 设置放映幻灯片方式：放映类型为“演讲者放映(全屏幕)”，幻灯片选项为从二到三。

7.3.4 第 4 题

打开“素材”文件夹下的“ppt7-4b.ppt”，进行如下操作后，以“zj7-4b.ppt”为名将其保存到考生文件夹中。

(1) 设置所有幻灯片背景为图片：素材\zj7-4b.jpg。

(2) 设置全部幻灯片切换方式为“向下插入”，速度为“中速”，切换声音为“抽气”，换页方式为“鼠标单击换页”。

(3) 在第二张幻灯片右下角插入动作按钮“自定义”，并为其添加文本为“结束放映”，动作设置：单击鼠标链接到“结束放映”。

(4) 设置第一张幻灯片背景音乐：素材\zj7-4b.mid。设置播放声音的效果：从头开始播放，在第二张幻灯片后停止播放。播放声音的计时：重复直到幻灯片末尾。

(5) 设置第一张幻灯片标题动画：强调效果为“更改字号”，字号为“135%”，速度为“中速”。设置第二张幻灯片文本动画：强调效果为“陀螺旋”，数量为“360°逆时针”，速度为“中速”。执行时间为“从上一项开始”。

(6) 设置放映幻灯片方式：放映类型为“观众自行浏览(窗口)”，幻灯片选项为从一到二。

7.3.5 第 5 题

打开“素材”文件夹下的“ppt7-5b.ppt”，进行如下操作后，以“zj7-5b.ppt”为名将其保存到考生文件夹中。

(1) 设置所有幻灯片采用背景填充效果：图案/编织物，前景色为白色(RGB：255，255，255)，背景色为淡蓝色(RGB：204，236，255)。

(2) 设置第一张幻灯片切换方式为“溶解”，速度为“快速”，换页方式为“单击鼠标换页”，切换声音为“收款机”。设置第二张幻灯片切换方式为“平滑淡出”，速度为“中速”，换页方式为“单击鼠标换页”。

(3) 在第一张幻灯片右下角插入动作按钮“自定义”，并为其添加文本为“最近访问”，动作设置：单击鼠标链接到“最近观看的幻灯片”。

(4) 设置第一张幻灯片背景音乐：素材\zj7-5b.mid。设置播放声音的效果：从头开始播放，在第二张幻灯片后停止播放。播放声音的计时：重复直到幻灯片末尾。

(5) 设置第一张幻灯片标题动画：强调效果为“波浪形”，速度为“快速”。设置第二张幻灯片文本动画：进入效果为“伸展”，方向为“跨越”，速度为“中速”；图片动画：进入效果为“弹跳”，速度为“慢速”。

(6) 设置放映幻灯片方式：放映类型为“观众自行浏览(窗口)”；放映选项为“循环放映，按 Esc 键终止”。

7.3.6 第 6 题

打开“素材”文件夹下的“ppt7-6b.ppt”，进行如下操作后，以“zj7-6b.ppt”为名将其保存到考生文件夹中。

(1) 设置所有幻灯片采用背景填充效果：图案/苏格兰方格呢，前景色为白色(RGB：255，255，255)，背景色为草绿色(RGB：204，255，51)。

(2) 设置所有幻灯片切换方式为“新闻快报”，速度为“中速”，切换声音为“照相机”，换页方式为“单击鼠标换页”。

(3) 在每张幻灯片右下角插入两个动作按钮。“前进或下一项”动作按钮的设置：单击鼠标链接到“下一张幻灯片”；“后退或前一项”动作按钮的设置：单击鼠标链接到“上一张幻灯片”。

(4) 设置第一张幻灯片背景音乐为：素材\zj7-6b.mid。设置播放声音的效果：从头开始播放，在第五张幻灯片后停止播放。播放声音的计时为重复直到幻灯片末尾。

(5) 设置第一张幻灯片标题动画：进入效果为“滑翔”，速度为“快速”。设置第三张幻灯片文本动画：进入效果为“浮动”，速度为“中速”。执行时间为从“上一项之后开始”。设置第五张幻灯片图片动画：进入效果为“线性”，速度为“中速”。

(6) 设置放映幻灯片方式：放映类型为“演讲者放映(全屏幕)”；设置自定义放映的放映名称为“fy”，选定第一、三、五张幻灯片添加到自定义放映中。

7.3.7 第 7 题

打开“素材”文件夹下的“ppt7-7b.ppt”，进行如下操作后，以“zj7-7b.ppt”为名将其保存到考生文件夹中。

(1) 设置所有幻灯片采用背景填充效果：渐变/双色，颜色 1 为白色(RGB：255，255，255)，颜色 2 为蓝色(RGB：0，0，255)，底纹样式为斜上，变形为第 1 种。

(2) 设置第一张幻灯片切换方式为“向右推出”，速度为“中速”，切换声音为“风声”，换页方式为“单击鼠标换页”。设置其余幻灯片切换方式为“向左推出”，速度为“中速”，切换声音为“风声”，换页方式为“单击鼠标换页”。

(3) 在每张幻灯片右下角插入两个动作按钮。“第一张”动作按钮的设置：单击鼠标链接到“第一张幻灯片”。给“自定义”动作按钮添加文本“结束放映”，动作设置：单击鼠标链接到“结束放映”。

(4) 设置第一张幻灯片背景音乐：素材\zj7-7b.mid。设置播放声音的效果：从头开始播放，在第五张幻灯片后停止播放。播放声音的计时：重复直到幻灯片末尾。

(5) 设置第一张幻灯片标题动画：进入效果为“向内溶解”，速度为“中速”。设置第三张幻灯片的标题动画：强调效果为“彩色波纹”，颜色为绿色(RGB：0，128，0)，速度为“中速”。设置第五张幻灯片的文本动画：进入效果为“十字形扩展”，方向为“内”，速度为“中速”。

(6) 设置放映幻灯片方式：放映类型为“观众自行浏览(窗口)”；设置自定义放映的放映名称为“fy”。选定第一、三、五张幻灯片添加到自定义放映中。

7.3.8 第 8 题

打开“素材”文件夹下的“ppt7-8b.ppt”，进行如下操作后，以“zj7-8b.ppt”为名将其保存到考生文件夹中。

(1) 设置所有幻灯片采用背景填充效果：纹理/花束。

(2) 设置第一张幻灯片切换方式为“向右下插入”，速度为“中速”，切换声音为“微风”，换页方式：每隔 5 秒。设置第二张幻灯片切换方式为“向右上插入”，速度为“中速”，切换声音为“微风”，换页方式：每隔 5 秒。

(3) 在第一张幻灯片右下角插入动作按钮“前进或下一项”，动作设置：单击鼠标链接到“下一张幻灯片”。在第二张幻灯片右下角插入动作按钮“自定义”，为其添加文本为“结束放映”，动作设置：单击鼠标链接到“结束放映”。

(4) 设置第一张幻灯片背景音乐：素材\zj7-8b.mid，并设置播放声音的效果：从头开始播放，在第二张幻灯片后停止播放。播放声音的计时：重复直到幻灯片末尾。

(5) 设置第一张幻灯片标题动画：进入效果为“挥鞭式”，速度为“中速”，从上一项开始。设置第二张幻灯片的标题动画：进入效果为“玩具风车”，速度为“中速”，从上一项开始；文本动画：进入效果为“曲线上升”，速度为“中速”，从上一项开始。

(6) 设置放映幻灯片方式：放映类型为“观众自行浏览(窗口)”；放映选项为“循环放映，按 Esc 键终止”。

7.3.9 第 9 题

打开“素材”文件夹下的“ppt7-9b.ppt”，进行如下操作后，以“zj7-9b.ppt”为名将其保存到考生文件夹中

(1) 设置所有幻灯片采用背景填充效果：渐变/预设/雨后初晴；底纹样式为“中心辐射(从标题)”；变形为“第 2 种”。

(2) 设置第二张幻灯片切换方式为“加号”，速度为“中速”，切换声音为“抽气”，换页方式为“单击鼠标换页”。设置第三张幻灯片切换方式为“向左推出”，速度为“中速”，切换声音为“风声”，换页方式为“单击鼠标换页”。

(3) 在第二张幻灯片右下角插入动作按钮“结束”，动作设置：单击鼠标链接到“最后

一张幻灯片”。在第三张幻灯片右下角插入动作按钮“开始”，动作设置：单击鼠标链接到“上一张幻灯片”。

(4) 设置第二张幻灯片背景音乐：素材\zj7-9b.mid，设置播放声音的效果：从头开始播放，在第三张幻灯片后停止播放。播放声音的计时：重复直到幻灯片末尾。

(5) 设置第二张幻灯片标题动画：进入效果为“十字形扩展”，方向为“外”，速度为“慢速”。设置第三张幻灯片的标题动画：强调效果为“样式强调”，颜色为红色(RGB：255，0，0)；文本动画：进入效果为“阶梯状”，方向为“右下”，速度为“中速”。

(6) 设置放映幻灯片方式：放映类型为“演讲者放映(全屏幕)”；幻灯片选项为从二到三。

7.3.10 第 10 题

打开“素材”文件夹下的“ppt7-10b.ppt”，进行如下操作后，以“zj7-10b.ppt”为名将其保存到考生文件夹中。

(1) 设置所有幻灯片采用背景图案为“大棋盘”，前景色为黄色(RGB：255，255，0)，背景色为白色(RGB：255，255，255)。

(2) 设置第一张幻灯片切换方式为“圆形”，速度为“慢速”，切换声音为“硬币”，换页方式：每隔 6 秒。设置第二张幻灯片切换方式为“向右上插入”，速度为“中速”，切换声音为“微风”，换页方式：每隔 6 秒。

(3) 每张幻灯片右下角插入动作按钮“自定义”，并为其添加文本为“结束放映”，动作设置：单击鼠标链接到“结束放映”。

(4) 设置第一张幻灯片背景音乐：素材\zj7-10b.mid，并设置播放声音的效果：从头开始播放，在第二张幻灯片后停止播放。播放声音的计时：重复直到幻灯片末尾。

(5) 设置第一张幻灯片标题动画：进入效果为“劈裂”，方向为“左右向中央收缩”，速度为“中速”。设置第二张幻灯片的标题动画：进入效果为“棋盘”，方向为“跨越”，速度为“中速”；文本动画：强调效果为“闪动”，颜色为绿色(RGB：0，255，0)，速度为“中速”。执行时间为“从上一项开始”。

(6) 设置放映幻灯片方式：放映类型为“观众自行浏览(窗口)”，幻灯片选项：从一到二。

7.3.11 第 11 题

打开“素材”文件夹下的“ppt7-11b.ppt”，进行如下操作后，以“zj7-11b.ppt”为名将其保存到考生文件夹中

(1) 设置所有幻灯片背景为填充效果：渐变/预设/雨后初晴。

(2) 设置全部幻灯片切换方式为“溶解”，速度为“慢速”，切换声音为“打字机”，换页方式为“单击鼠标换页”。

(3) 在第三张幻灯片右下角插入动作按钮“自定义”，并为其添加文本为“首页”，动作设置：单击鼠标链接到第一张幻灯片。

(4) 设置第一张幻灯片背景音乐：素材\zj7-11b.mid。

(5) 设置所有幻灯片的标题动画：进入效果为“轮子”，辐射状为“4”，速度为“慢速”。设置第二、三张幻灯片的文本动画：进入效果为“飞入”，方向为“自底部”，速度为“中速”。

(6) 设置放映幻灯片方式：放映类型为“在展台浏览(全屏幕)”；放映选项为“放映时不加旁白”。

7.3.12 第12题

打开“素材”文件夹下的“ppt7-12b.ppt”，进行如下操作后，以“zj7-12b.ppt”为名将其保存到考生文件夹中

(1) 设置所有幻灯片背景为填充效果：纹理/蓝色面巾纸。

(2) 设置全部幻灯片切换方式为“顺时针回旋，四根轮辐”，速度为“慢速”，切换声音为“鼓掌”，换页方式为“单击鼠标换页”。

(3) 在第一张幻灯片左下角插入动作按钮“自定义”，并未其添加文本为“最后一页”，动作设置：单击鼠标链接到“最后一张幻灯片”。

(4) 设置第一张幻灯片背景音乐：素材\zj7-12b.mid。

(5) 删除第三张空白的幻灯片。

(6) 设置第二张幻灯片的标题动画：强调效果为“陀螺旋”，数量为“720° 顺时针”，速度为“慢速”；文本动画：进入效果为“曲线向上”，速度为“中速”；图片动画：进入效果为“渐变式缩放”，速度为“慢速”。将播放顺序设置为标题、图片、文本。

(7) 设置放映幻灯片方式：放映类型为“演讲者放映(全屏幕)”；放映选项为“放映时不加旁白”。

7.3.13 第13题

打开“素材”文件夹下的“ppt7-13b.ppt”，进行如下操作后，以“zj7-13b.ppt”为名将其保存到考生文件夹中

(1) 设置所有幻灯片背景为采用图片：素材\zj7-13b.jpg。

(2) 设置全部幻灯片切换方式为“新闻快报”，速度为“慢速”，切换声音为“照相机”，换页方式为“单击鼠标换页”。

(3) 在第二张幻灯片右下角插入两个动作按钮。“后退或前一项”的动作设置：单击鼠标链接到前一张幻灯片；“前进或后一项”的动作设置：单击鼠标链接到后一张幻灯片。

(4) 设置第一张幻灯片背景音乐：素材\zj7-13b.mid。

(5) 设置第三张幻灯片的标题动画：进入效果为“渐变式回旋”，速度为“快速”；文本动画：强调效果为“垂直突出显示”，颜色为自定义(RGB：255，0，0)，速度为“慢速”；图片动画：强调效果为“陀螺旋”，数量为“360° 顺时针”，速度为“慢速”。

(6) 设置放映幻灯片方式：放映类型为“观众自行浏览(窗口)”；放映选项为“循环放映，按ESC键终止”。

7.3.14 第14题

打开“素材”文件夹下的“ppt7-14b.ppt”，进行如下操作后，以“zj7-14b.ppt”为名将其保存到考生文件夹中

(1) 设置所有幻灯片背景为采用图片：素材\zj7-14b.jpg。

(2) 设置全部幻灯片切换方式为“纵向棋盘式”，速度为“慢速”，声音为“单击”，换

片方式：鼠标单击，每隔 8 秒。

(3) 在第二张幻灯片右下角插入动作按钮“自定义”，并为其添加文本为“结束”，动作设置：单击鼠标链接到结束放映。

(4) 设置第一张幻灯片背景音乐：素材\zj7-14b.mid。

(5) 设置第一张幻灯片的标题动画：进入效果为“曲线向上”，速度为“中速”；文本动画：进入效果为“颜色打印机”，速度为“非常快”；图片动画：进入效果为“十字型扩展”，方向为“外”，速度为“慢速”。

(6) 设置放映幻灯片方式：放映类型为“演讲者放映(全屏幕)”；放映选项为“放映时不加旁白”，幻灯片选项为从一到二。

7.3.15 第 15 题

打开“素材”文件夹下的“ppt7-15b.ppt”，进行如下操作后，以“zj7-15b.ppt”为名将其保存到考生文件夹中

(1) 设置所有幻灯片背景为填充效果：渐变/预设/银波荡漾，底纹样式为“斜上”。

(2) 设置全部幻灯片切换方式为“随机”，速度为“慢速”，切换声音为“鼓声”，换页方式：鼠标单击，每隔 5 秒。

(3) 在第二张幻灯片下部插入三个动作按钮。“后退或前一项”动作按钮的设置：单击鼠标链接到前一张幻灯片；“前进或后一项” 动作按钮的设置：单击鼠标链接到后一张幻灯片；给“自定义”动作按钮添加文本为“END”，动作设置：单击鼠标结束放映。

(4) 设置第一张幻灯片背景音乐：素材\zj7-15b.mid。

(5) 设置所有幻灯片的动画方案为“浮动”；设置第二张幻灯片的三个动作按钮的动画：进入效果为“渐变式缩放”，速度为“慢速”。

(6) 设置放映幻灯片方式：放映类型为“演讲者放映(全屏幕)”；放映选项为“循环放映，按 ESC 键终止”，幻灯片选项为从一到二。

7.3.16 第 16 题

打开“素材”文件夹下的“ppt7-16b.ppt”，进行如下操作后，以“zj7-16b.ppt”为名将其保存到考生文件夹中

(1) 设置所有幻灯片背景为采用图片：素材\zj7-16b.jpg。

(2) 设置全部幻灯片切换方式为“扇形展开”，速度为“慢速”，切换声音为“炸弹”，换页方式为“单击鼠标换页”。

(3) 在第一张幻灯片中，为副标题文本“什么是太空垃圾”设置超级链接，链接到“第二张幻灯片”；为副标题文本“太空垃圾的威胁”设置超级链接，链接到“第三张幻灯片”。

(4) 设置第一张幻灯片背景音乐：素材\zj7-16b.mid。

(5) 设置所有幻灯片的动画方案为“随机线条”；为第二张幻灯片的图片设置自定义动画：进入效果为“轮子”，辐射状为“8”，速度为“慢速”。

(6) 设置放映幻灯片方式：放映类型为“在展台浏览(全屏幕)”；放映选项为“放映时不加旁白”。

7.3.17 第 17 题

打开“素材”文件夹下的“ppt7-17b.ppt”，进行如下操作后，以“zj7-17b.ppt”为名将其保存到考生文件夹中

(1) 设置所有幻灯片背景为填充效果：纹理/花束。

(2) 设置全部幻灯片切换方式为“横向棋盘式”，速度为“中速”，切换声音为“收款机”，换页方式为“单击鼠标换页”。

(3) 在第一张幻灯片左侧下角插入动作按钮“自定义”，添加文本“第 2 张”，动作设置：单击鼠标链接到“第二张幻灯片”；插入动作按钮“自定义”，添加文本“第 3 张”，动作设置：单击鼠标链接到“第三张幻灯片”。

(4) 设置第一张幻灯片背景音乐：素材\zj7-17b.mid。

(5) 设置第一张幻灯片的标题动画：进入效果为“螺旋飞入”，速度为“中速”；图片动画：进入效果为“玩具风车”，速度为“中速”；动作按钮动画：进入效果为“旋转”，方向为“水平”，速度为“非常慢”。要求出现的顺序是标题、图片、动作按钮。

(6) 设置放映幻灯片方式：放映类型为“演讲者放映(全屏幕)”；放映选项为“循环放映，按 ESC 键终止”；幻灯片选项为从一到二。

7.3.18 第 18 题

打开“素材”文件夹下的“ppt7-18b.ppt”，进行如下操作后，以“zj7-18b.ppt”为名保存到考生文件夹中

(1) 设置所有幻灯片背景为图片：素材\zj7-18b.jpg。

(2) 设置全部幻灯片切换方式为“盒状展开”，速度为“慢速”，切换声音为“疾驰”，换页方式：每隔 0.05 秒。

(3) 在第一张幻灯片左下角插入动作按钮“自定义”，为其添加文本为“结束”，动作设置：单击鼠标链接到结束放映。

(4) 设置第一张幻灯片背景音乐：素材\zj7-18b.mid。

(5) 设置第一张幻灯片的图片动画：强调效果为“爆炸”，颜色为自定义(RGB：0，0，255)，速度为“慢速”。设置第二、三张幻灯片的文本动画：退出效果为“圆形扩展”，方向为“内”，速度为“慢速”。

(6) 设置放映幻灯片方式：放映类型诶“观众自行浏览(窗口)”；放映选项为“循环放映，按 ESC 键终止”。

7.3.19 第 19 题

打开“素材”文件夹下的“ppt7-19b.ppt”，进行如下操作后，以“zj7-19b.ppt”为名保存到考生文件夹中

(1) 设置所有幻灯片背景为填充效果为“渐变”，颜色为自定义(RGB：255，204，204)；底纹样式为“角部辐射”。

(2) 设置全部幻灯片切换方式为“顺时针回旋，三根轮辐”，速度为“慢速”，切换声音为“鼓掌”，换页方式为“单击鼠标换页”。

(3) 在第二、三、四张幻灯片右下角插入动作按钮“自定义”，并为其添加文本“返回首页”，动作设置：单击鼠标链接到第一张幻灯片。

(4) 设置第一张幻灯片背景音乐：素材\zj7-19b.mid。

(5) 设置所有幻灯片的标题动画：进入效果为“劈裂”，方向为“上下向中央收缩”，速度为“中速”。设置第二、三、四张幻灯片的文本动画：进入效果为“曲线向上”，速度为“中速”。

(6) 设置放映幻灯片方式：放映类型为“演讲者放映(全屏幕)”；放映选项为“放映时不加旁白”。

7.3.20 第20题

打开“素材”文件夹下的“ppt7-20b.ppt”，进行如下操作后，以“zj7-20b.ppt”为名将其保存到考生文件夹中。

(1) 设置所有幻灯片背景为填充效果：纹理、新闻纸。

(2) 设置全部幻灯片切换方式为“水平梳理”，速度为“慢速”，切换声音为“微风”，换页方式：每隔6秒。

(3) 在第一张幻灯片中，为副标题文本“第一台数字式电子计算机”设置超级链接，链接到第二张幻灯片；为副标题文本“发展趋势”设置超级链接，链接到第二张幻灯片。

(4) 设置第一张幻灯片背景音乐：素材\zj7-20b.mid。

(5) 设置第二张幻灯片的标题动画：进入效果为“中心旋转”，速度为“慢速”，执行时间为“开始之后”；文本动画：进入效果为“十字形扩展”，方向为“内”，速度为“中速”，执行时间为“开始之后”；图片动画：进入效果为“棋盘”，方向为“跨越”，速度为“中速”，执行时间为“开始之后”。

(6) 设置放映幻灯片方式：放映类型为“观众自行浏览(窗口)”；放映选项为“循环放映，按ESC键终止”。

【7.3.1 第 1 题样文】

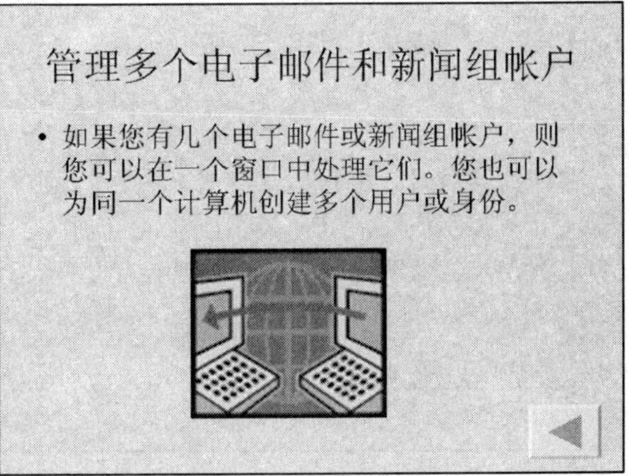

轻松快捷地浏览邮件

• 邮件列表和预览窗格允许在查看的同时阅读单个邮件。文件夹列表包括电子邮件文件夹、新闻服务器和新闻组,而且可以很方便地相互切换。您还可以创建自己的视图以自定义文件的浏览方式。

【7.3.2 第 2 题样文】

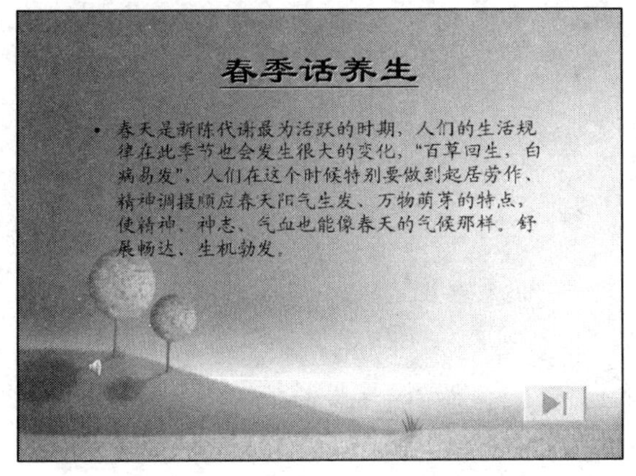

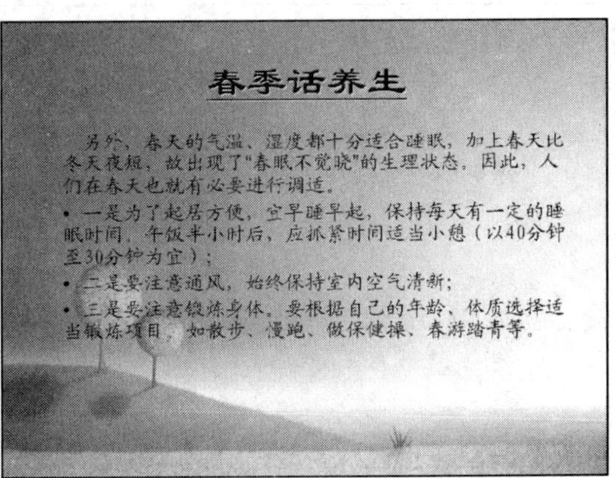

春季话养生

- 春天还要保持体内的阳气。中国医学认为，在养阳之中重在养肝。因此，春季保肝尤为重要。
- 一是饮食均衡，要多吃些新鲜蔬菜和低蛋白、低脂肪、高维生素、高矿物质的食品，少吃些酸、油炸、烤、煎的食品；
- 二是要勤喝水，少饮酒；
- 三要调理好情绪，始终保持每天有一个好心情。

【7.3.3 第 3 题样文】

Windows XP的新功能

Windows XP包含许多新增加的特性、改进程序以及工具。了解新特性，学习Windows XP中包含的系统程序、附件程序以及通讯和娱乐程序。阅读包含执行从开始到完成的关键任务的详细说明的文章。在词汇表中查阅不熟悉的术语。

安全简单的个人计算机使用

Windows XP使个人计算机使用变得更加简单，更加赏心悦目！它具有强大的功能、性能以及漂亮的全新外观和所需的充分帮助。Windows XP不仅具有这些，而且具有无与伦比的可信任性和安全性。

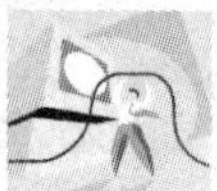

开启数字媒体世界

在家里、办公室和Internet上打开数字媒体激动人心的世界，可以欣赏摄影、音乐、视频，玩计算机游戏等等。

【7.3.4　第 4 题样文】

桌面新功能

Windows XP将明亮鲜明的外观与简单易用的设计结合在一起。桌面和任务栏降低了混乱程度。[开始]菜单使用户更容易访问程序。并且有更多的选项来自定义桌面环境。

桌面主题概述

桌面主题是图标、字体、颜色、声音和其他窗口元素的预定义的集合，它使您的桌面具有与众不同的外观。可以切换主题、创建自己的主题（通过更改某个主题，然后以新的名称保存）或者恢复传统的Windows经典外观作为主题。

结束放映

桌面主题概述

如果修改了某个主题的任何元素（如桌面背景或屏幕保护程序），系统建议以新的主题名称保存您所做的更改。如果修改了桌面而没有以新的名称来保存所做的更改，则当选择不同的主题时您所做的更改将会丢失。

使用“控制面板”中的“显示”来选择或保存主题。以一个主题保存的桌面项目列于下表。

【7.3.5　第 5 题样文】

计算机网络

概括地讲，计算机网络是利用通信线路和通信设备，将分散在不同地点的具有独立功能的计算机互相连接起来，按照网络协议进行数据通信，实现网络资源共享的计算机系统的集合。

计算机网络

计算机网络包括计算机和通信网两部分，它通过通信网的传输介质将分散的计算机有机地结合在一起，构成一个既可共享网络软件资源又可相互通信的综合系统，使得在地域上分散分布的计算机在逻辑上紧密地联系起来。这些计算机通过一定的传输介质互联在一起，它们之间可以相互交换信息。

最近访问

【7.3.6 第 6 题样文】

第5章 演示文稿制作软件 PowerPoint 2003

5.1 PowerPoint 2003概述
5.2 演示文稿的创建
5.3 演示文稿的编辑处理
5.4 演示文稿的放映与打印

5.1 PowerPoint 2003概述

5.1.1 PowerPoint 2003的用途

在日常生活及实际工作中，作为一位公司的部门主管，你可能要向新进公司的员工介绍公司目前近况及未来的发展规划，要向上司汇报部门工作，要向用户展示产品；作为一名科技工作者，你要作学术报告，进行学术演讲；作为一名教师，你要进行生动有趣的多媒体教学；作为一名大学生、研究生，你要参加学术交流，进行论文答辩，等等。这些需要现场讲解、演示或网上共享放映的应用场合，都可以方便地使用PowerPoint 2003来完成。

5.1.2 PowerPoint 2003的启动和退出

1. 启动PowerPoint 2003

启动PowerPoint 2003的常用方法有如下几种，通过其中的任一种方法都可进入PowerPoint 2003启动对话框。

(1) 单击“开始”按钮，在“开始”菜单的“程序”子菜单中单击“Microsoft PowerPoint”图标。

(2) 通过Windows资源管理器，在安装PowerPoint的磁盘文件夹中找到PowerPoint图标并双击。

(3) 通过Windows桌面上建立的PowerPoint的快捷方式，双击其图标。

(4) 同Office的其它应用程序一样，双击某一用PowerPoint制作的文档，系统会自动启动PowerPoint，并加载此文档，然后进入PowerPoint界面。

2. 退出PowerPoint 2003

与其他Office应用程序的退出一样，用鼠标单击PowerPoint窗口右上角的“关闭”按钮，或打开“文件”菜单，单击“退出”命令，即可退出PowerPoint 2003。

5.1.3 PowerPoint 2003的界面

1. 标题栏

标题栏位于窗口的顶部，左端显示本软件的名称（Microsoft PowerPoint）和当前编辑的演示文稿的名称，右端给出了最小化、最大化及关闭等3个按钮。

2. 菜单栏

菜单栏给出了PowerPoint的所有功能菜单，单击其中的某个菜单项，可以执行PowerPoint的各种操作。

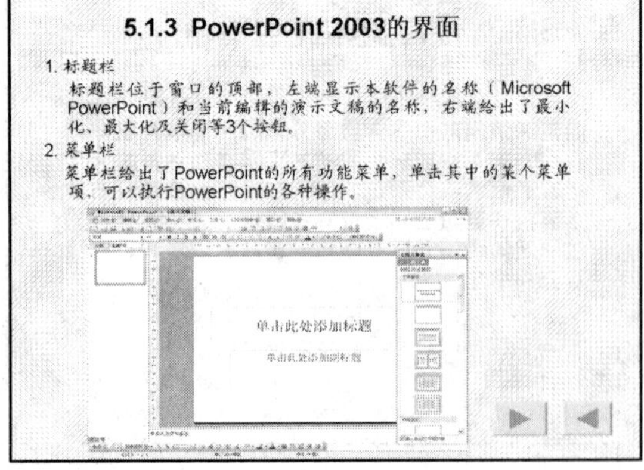

3. 工具栏

工具栏以图标按钮的形式为用户提供快速常用命令、快速文档编排格式及绘图工具等。

4. 幻灯片编辑区

幻灯片编辑区为用户提供用于创建、预览和编辑幻灯片的区域。

5. 大纲编辑区

大纲编辑区以大纲的形式编辑、显示幻灯片的标题和演示顺序等。

6. 状态栏

状态栏位于窗口的底部，用来显示当前工作的状态，如整个文档所包含的幻灯片的页数、当前编辑的幻灯片页码等。

7. 视图切换按钮

视图切换按钮用来切换工作模式。

8. 备注区

备注区用来显示、编辑幻灯片的备注信息。

【7.3.7　第 7 题样文】

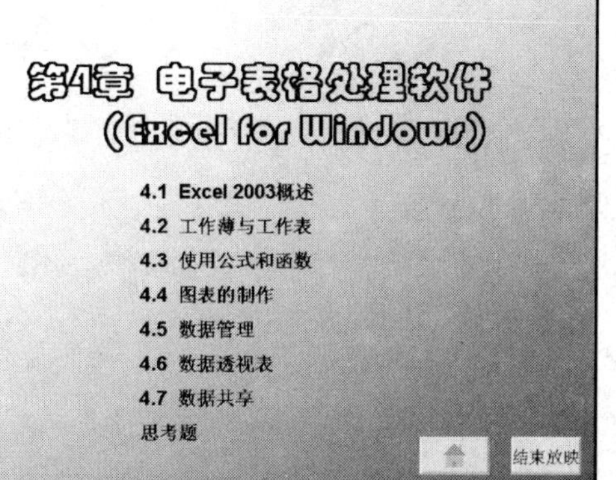

4.1.1 Excel 2003的功能与特点

1. 主要功能

(1) 表格编辑功能:制表、表格运算（函数与公式）。

(2) 表格管理功能：数据处理、数据分析。

(3) 设置工作表格式：文字、图形修饰。

(4) 绘制统计图表：根据数据绘制相应的图表。

(5) 上网功能：对Internet完全支持，可保存成HTML格式，能够在网络中查询数据等。

结束放映

2. 主要特点

(1) Excel 2003将工作表组织为工作簿，使表格处理从二维空间扩充为三维空间。

(2) Excel 2003提供了上百种统计图，使数据的表示更加直观和丰富多彩。

(3) 允许在工作表中使用公式与函数，这样大大简化了Excel 2003的数据统计工作。

(4) Excel 2003继承了Windows XP风格的用户界面。

结束放映

4.1.2 Excel 2003的运行环境、运行与退出

1. 运行环境

中文Excel 2003在中文Windows NT/2000/ME/XP平台上都可以运行和使用。

2. 运行

在Windows 中开始运行Excel 2003，又可分为用开始菜单启动、用资源管理器启动等多种方法。

结束放映

(1) 用开始菜单启动，其步骤如下：

单击“开始”菜单，再单击“程序”菜单的“Microsoft Excel”命令，就可以开始运行Excel 2003，且开启了一个默认的Excel工作簿。

(2) 用资源管理器启动，其步骤如下：

在资源管理器中，找到所要运行的Excel工作簿文件（文件后缀名是xls），双击该文件，可以运行Excel 2003，且打开了所要运行的Excel工作簿。

结束放映

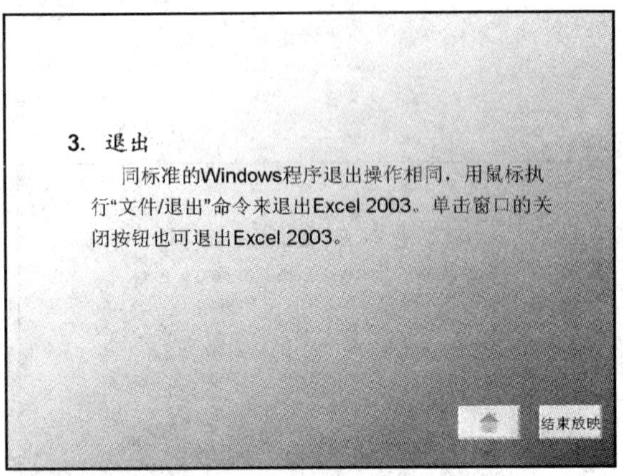

【7.3.8　第 8 题样文】

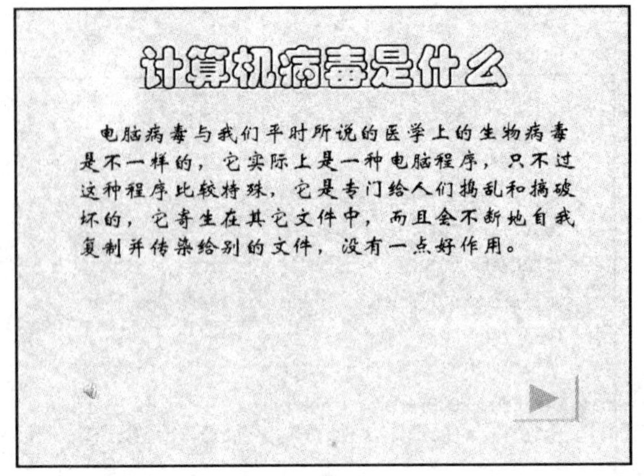

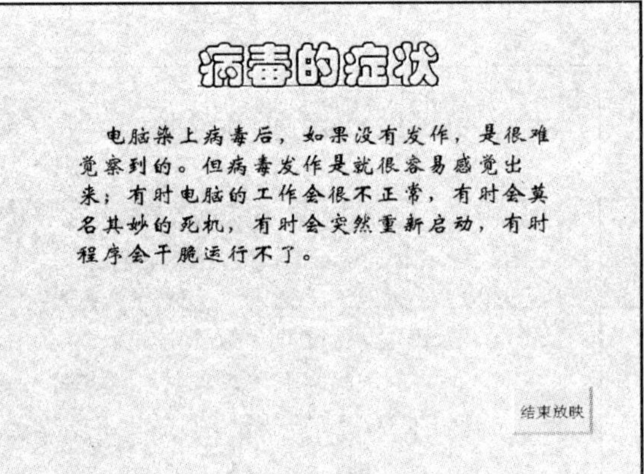

【7.3.9　第 9 题样文】

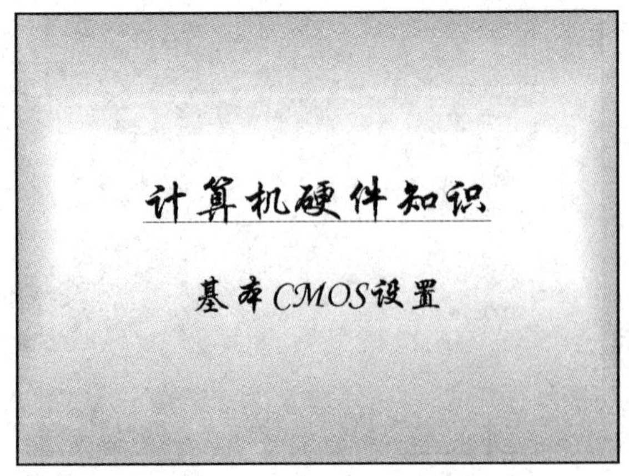

CMOS设置

主板的CMOS记录计算机的日期、时间、硬盘参数、软驱情况及其它的高级参数。平常人们说的BIOS设置或CMOS设置指的就是这方面的内容。

CMOS能把这些信息保存下来，即使关机它们也不会丢失，所以以后你不必对它重新设置，除非你想改变电脑的的配置或意外情况导致CMOS内容丢失。

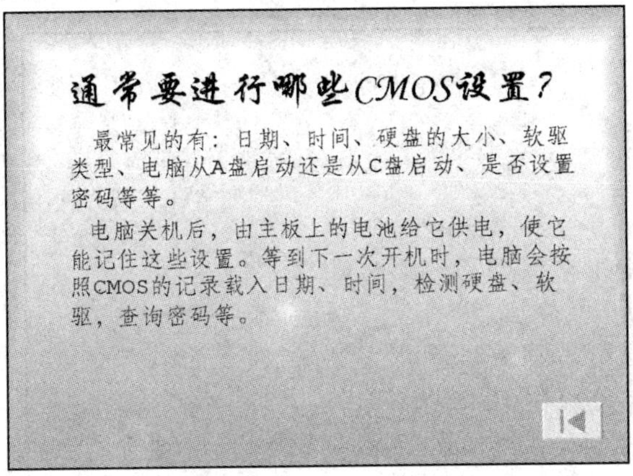

通常要进行哪些CMOS设置？

最常见的有：日期、时间、硬盘的大小、软驱类型、电脑从A盘启动还是从C盘启动、是否设置密码等等。

电脑关机后，由主板上的电池给它供电，使它能记住这些设置。等到下一次开机时，电脑会按照CMOS的记录载入日期、时间，检测硬盘、软驱，查询密码等。

【7.3.10　第 10 题样文】

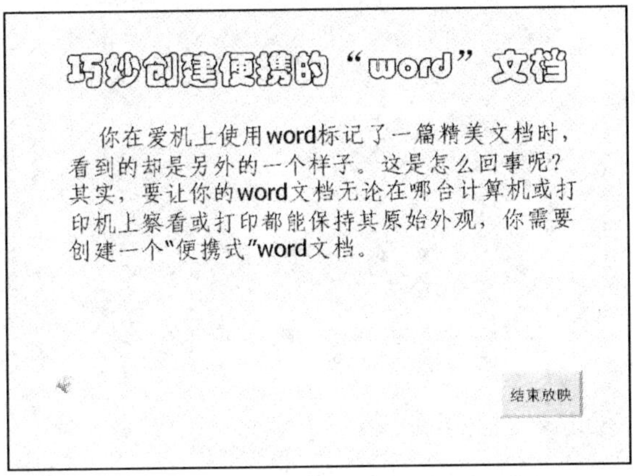

巧妙创建便携的“word”文档

你在爱机上使用word标记了一篇精美文档时，看到的却是另外的一个样子。这是怎么回事呢？其实，要让你的word文档无论在哪台计算机或打印机上察看或打印都能保持其原始外观，你需要创建一个"便携式"word文档。

结束放映

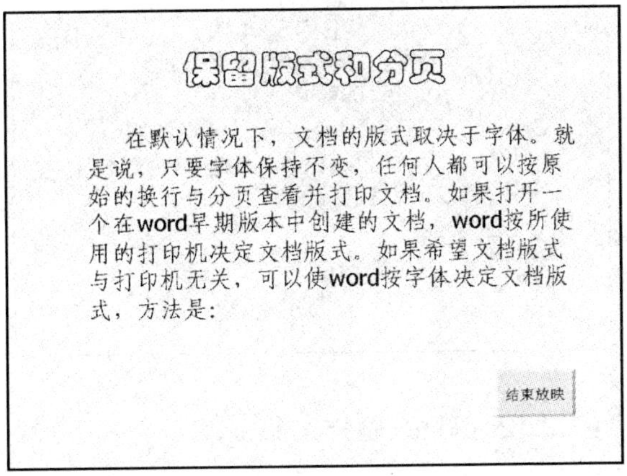

保留版式和分页

在默认情况下，文档的版式取决于字体。就是说，只要字体保持不变，任何人都可以按原始的换行与分页查看并打印文档。如果打开一个在word早期版本中创建的文档，word按所使用的打印机决定文档版式。如果希望文档版式与打印机无关，可以使word按字体决定文档版式，方法是：

结束放映

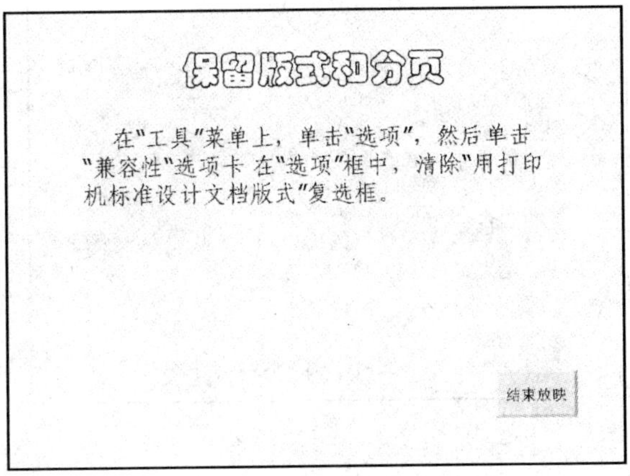

保留版式和分页

在"工具"菜单上，单击"选项"，然后单击"兼容性"选项卡 在"选项"框中，清除"用打印机标准设计文档版式"复选框。

结束放映

【7.3.11　第 11 题样文】

CIH病毒

CIH病毒介绍

- CIH是本世纪最著名和最有破坏力的病毒之一，它是第一个能破坏硬件的病毒

CIH病毒破坏方式介绍

- 主要通过篡改主板BIOS里的数据，造成电脑开机就黑屏，从而让用户无法进行任何数据抢救和杀毒的操作。
- CIH的变种能在网络上通过捆绑其他程序或以邮件附件传播，并且常常删除硬盘上的文件及破坏硬盘的分区表。

首页

【7.3.12　第 12 题样文】

图灵奖

计算机界的诺贝尔奖

最后一张

图灵奖

- 图灵奖是美国计算机协会于1966年设立的，又叫“A.M.图灵奖”，专门奖励那些对计算机事业作出重要贡献的个人。其名称取自计算机科学的先驱、英国科学家艾伦·图灵，这个奖设立的目的之一是为纪念这位科学家。

图灵奖

- 图灵奖对获奖者的要求极高，评奖程序极严，一般每年只奖励一名计算机科学家。因此，尽管“图灵”的奖金数额不算高，但它却是计算机界最负盛名的奖项，有“计算机界诺贝尔奖”之称。

【7.3.13　第 13 题样文】

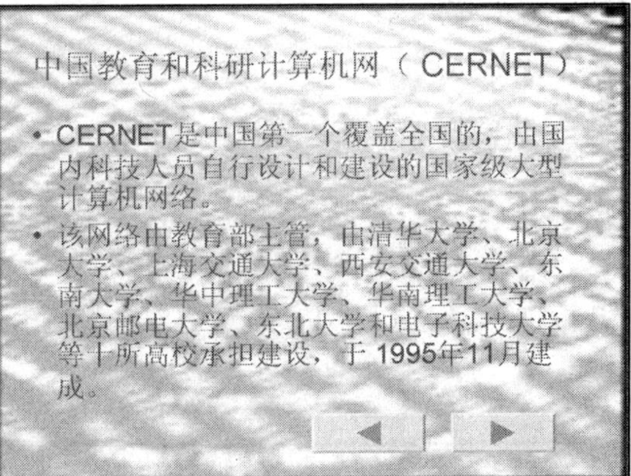

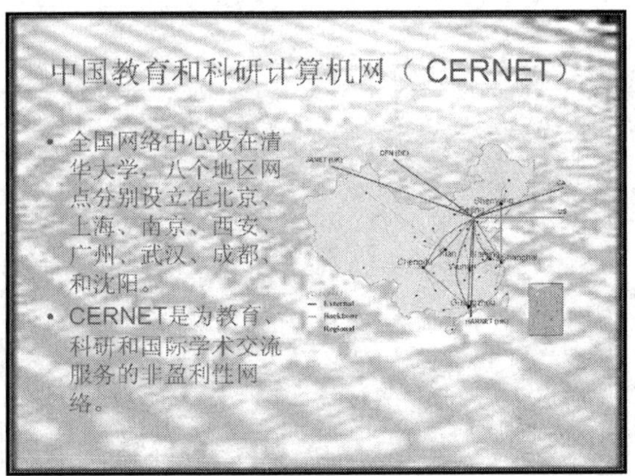

【7.3.14　第 14 题样文】

计算机病毒常识

- 反病毒公司为了方便管理，会按照病毒的特性将病毒进行分类命名。一般都是采用一个统一的命名方法来命名的。
- 一般格式为：<病毒前缀>.<病毒名>.<病毒后缀>。

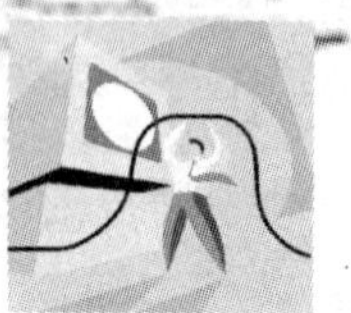

常见的病毒前缀1

- 系统病毒：前缀多为Win32、PE、Win95、W32、W95等。
- 蠕虫病毒：前缀为Worm。
- 木马病毒：前缀为Trojan。
- 黑客病毒：前缀为 Hack。
- 脚本病毒：前缀为Script。

结束

常见的病毒前缀2

- 宏病毒：第一前缀为Macro；第二前缀是：Word、Word97、Excel、Excel97（也许还有别的）其中之一。
- 后门病毒：前缀为Backdoor。

【7.3.15　第 15 题样文】

Intranet（内部网）

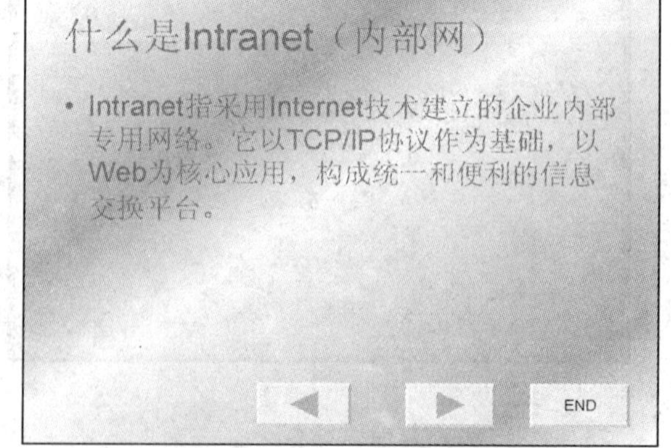

Intranet的优点

- Intranet的浏览器/服务器机制，改进了传统的客户机/服务器机制，极大地方便了用户操作。
- Intranet不仅可进行数据库服务，还实现了其它应用，如电子邮件，文件传输，远程登录，电子公告板等。
- Intranet组建容易，管理方便。

【7.3.16　第 16 题样文】

太空垃圾的威胁

- 太空垃圾给航天事业的发展带来了隐患，它们成为人造卫星和轨道空间站的潜在杀手，使宇航员的安全受到严重威胁。
- 太空垃圾污染宇宙空间，给人类带来灾难，尤其是核动力发动机[illegible]造成放射性污染。

【7.3.17　第 17 题样文】

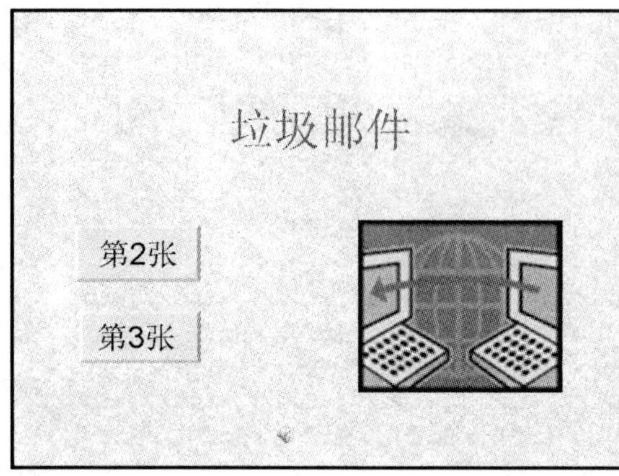

垃圾邮件

- 据统计，目前互联网内67%的邮件都是垃圾邮件。为了降低风险，不少用户甚至采用禁止HTML解析以及拒绝下载图片的方式阅读邮件，以便防止病毒运行。

垃圾邮件的鉴别方法

- 第一种是过滤，可在一定程度上降低垃圾邮件对用户的干扰，但也存在将正常邮件误判为垃圾邮件的可能。
- 第二种方式是检查IP地址是否与邮件域名相匹配。
- 第三种方式是为电子邮件签发数字证书，这种方式价格低廉，并且易于实行。

【7.3.18　第 18 题样文】

- 2006年由成都市教育科学研究所、成都市图书馆等联合发起的“成都市青少年上网情况问卷调查”目前完成。
- 经过一个多月的调查。共向城区及近郊发出8000份问卷，有效回收7000多份。

- 孩子们在网上究竟干什么？
- 调查结果显示：
  - –听音乐等娱乐的比例占到19%；
  - –聊天比例占到17%；
  - –玩游戏的比例占到16%；
  - –查学习资料的比例占到16%。

【7.3.19 第 19 题样文】

中国Internet的发展

发展——1

- 1987年采用CSNET协议建立了德国和中国之间的E-mail链接。9月20日第一封邮件从中国发出。
- 1990年中国正式在美国国防部ARPANET网络中心DDN-NIC（国际互联网络信息中心INTERNIC的前身）注册登记了中国的顶级域名CN。

返回首页

发展——2

- 1993年中国科学院租用AT&T公司的国际卫星信道接入美国斯坦福线性加速器中心（SLAC）的64K专线正式开通，这是中国部分连入因特网的第一根专线。

返回首页

发展——3

- 1994年，美国国家科学基金会同意了中国NCFC正式接入因特网的要求。同年，中国NCFC连入Internet的国际专线开通，实现了与Internet的全功能连接。中国被国际上正式承认为有Internet的国家。

返回首页

【7.3.20　第 20 题样文】

计算机发展

第一台电子计算机

发展趋势

第一台数字式电子计算机

• 自1946年美国科学家研制成功了世界上第一台数字式电子计算机ENIAC（埃尼亚克）以来，计算机得到了飞速发展，深入到了我们工作、生活的每一处。

发展趋势

• 巨型化：巨型机的研制水平，可以衡量一个国家的科技能力。

• 微型化：随着微电子技术和超大规模集成电路的发展，计算机的体积趋向微型化。

• 网络化：实现资源共享，在计算机的使用上表现为网络化。

• 多媒体化：综合处理声音、图像、文字、视频和音频信号。

• 智能化：具有模拟人的感觉和思维过程的能力。

第8章 综合应用

8.1 第1题

打开“素材\8.1.1.doc”文件，参考【8.1 第1题样文】，按照下列要求完成操作。

(1) 插入外部数据：在文档下方插入“素材\8.1.4.xls”，将“学生上网调查表”工作表中的数据生成柱状图，并以Excel对象的形式插入当前文档中。

(2) 插入声音文件：在图表的左边插入声音文件“素材\8.1.3.mid”。

(3) 插入水印：在当前文档中创建“网络的影响”文字水印。

(4) 文字与图片的环绕：插入“素材\8.1.2.jpg”图片文件，放置在文字的右上角。

(5) 给文字加特殊标记：第二自然段首字下沉3行，并将 “上瘾”的“瘾”字加圈，并突出显示为红色。

(6) 文档插入页眉：在当前文档中插入页眉，页眉格式为：红色，小1号字，宋体。

(7) 转换文件格式：将当前文档以Web文件类型保存在“结果”文件夹，命名为“8.1”。

8.2 第2题

打开“素材\8.2.1.doc”文件，参考【8.2 第2题样文】，按照下列要求完成操作。

(1) 设置艺术字：将标题“网页制作工具介绍”设置为艺术字。

(2) 段落排版：第一自然段分成两栏，并首字符下沉。

(3) 文字与图片混排：将“素材\8.2.2.gif”图片文件插入，放置在标题的右边。

(4) 文字加特殊标记：组合“工具软件”文字，突出显示为红色；将“所见即所得”文字变为绿色字，并加拼音注释。

(5) 超级链接：超链“FrontPage”文字到“素材\8.2.3.htm”文件。

(6) 制作水印：制作艺术字“网页制作工具”。

(7) 转换格式保存文档：将当前文档保存在“结果”文件夹，类型为文档模版文件，文件名为“8.2”。

8.3 第3题

打开“素材\8.3.1.doc”文件，参考【8.3 第3题样文】，按照下列要求完成操作。

(1) 段落排版：将文档分成两栏。

(2) 下载资源：下载“素材\8.3.2.htm”网页中的“中国园林建筑艺术”图片，并将其插入文档，作为文档的标题。

(3) 表格与文字的环绕：表格与文字紧密环绕，表格左边单元插入“苏州园林”艺术字，右单元插入“素材\8.3.2.html”网页文件中的图片。

(4) 字符的特殊格式：将文字“长廊履步在香气波光里，踏断夏天的箫声”加着重号，并突出显示为黄色。合并“园林”文字，突出显示为粉红色。

(5) 艺术字的插入：插入艺术字“Welcome to Suzhou Garden!”，并置于文字上方。

(6) 转换文档格式保存：将当前文档以网页类型保存在“结果”文件夹中，文件名为“8.3”。

8.4 第4题

打开“素材\8.4.2.doc”文件，参考【8.4 第4题样文】，按照下列要求完成操作。

(1) 插入外部数据：将“素材\8.4.1.doc”文件的内容插入其尾部。

(2) 设置图片格式：将“谨”字首字下沉三行，将图片插入文字“赵飞”与“敬上”之间。

(3) 插入下载资源：打开“素材\8.4.3htm”网页，下载背景图片，将背景图片插入文档中，平铺于当前文档并浮于文字下方。

(4) 设置特殊文字格式：合并“安好”文字，并突出显示为红色。

(5) 插入图形：插入“笑脸”自选图形。

(6) 保存文档：将当前文档以网页类型保存在“结果”文件夹中，文件名为“8.4”。

8.5 第5题

打开“素材\8.5.1.doc”文件，参考【8.5 第5题样文】，按照下列要求完成操作。

(1) 设置并应用样式：

① 将“第10章 计算机网络应用技术”设置为“标题1”样式：隶书，1号字。

② 将“1.1 计算机网络基础知识”设置为“标题3”样式：宋体，小3号字。

③ 将“1.1.1 计算机网络基本概念”设置为“标题4”样式：黑体，小4号字。

(2) 新建并应用样式：新建“标题5”样式为“黑体，5号字”，将“1．什么是计算机网络”设置为“标题5”样式。

(3) 设置文字特殊格式：将“1.1 计算机网络基础知识”章节的文字“高速发展”提升6磅，将“1.1.1 计算机网络基本概念”章节的文字“计算机网络”文字加注拼音。

(4) 图片与文字环绕：将“素材\8.5.2.bmp”文件中的图片插入文字中，与文字环绕。

(5) 保存模版：将当前文档以模版形式保存在“结果”文件夹中，文件名为“8.5”。

8.6　第 6 题

打开“素材\8.6.2 素材.doc”文件，参考【8.6　第 6 题样文】，按照下列要求完成操作。

(1) 选择粘贴：复制全文，粘贴无格式文字到新建文档中；新建文档的正文设置为：蓝色，隶书，3 号字。

(2) 插入艺术字：在新建文档中插入艺术字“FrontPage 2000 的特点”；将首行“FrontPage”文字提升 5 镑。

(3) 自选图形的插入：插入“标注”自选图形，图形填充色为“紫色”，并在图形中输入文字“FrontPage2000 的界面如图所示”。

(4) 插入外部资源：复制“素材\8.6.2.doc”文件中的图片到新建文件中。

(5) 设置水印：插入“素材\8.6.1.jpg”图片，将其设为灰度并置于文字底部。

(6) 插入页眉。

(7) 保存文档：将新建的文档保存在“结果”文件夹中，文件名为“8.6”。

8.7　第 7 题

打开“素材\8.7.1.xls”文件，参考【8.7.1　第 7 题样文】及【8.7.2　第 7 题样文】按照下列要求完成操作。

(1) 生成图表：根据表中数据生成“平均分”饼图，生成“各门成绩”折线图(参考【8.7.1　第 7 题】)。

(2) 新建文档：新建 word 文档，输入艺术字标题“2007 年学生成绩统计调查”和正文(参考【8.7.2　第 7 题样文】)，正文首字下沉 3 行。

(3) 插入外部数据资源：将“样文\8.7.1 样文.xls”文件中的表和图表插入新建的 word 文档中。

(4) 设置特殊字符：将“计算数学”文字合并，并突出显示为红色。

(5) 保存文档：将新建的文档以网页的形式保存在“结果”文件夹中，文件名为“8.7”。

8.8　第 8 题

打开“素材\8.8.3.doc”文件，参考【8.8　第 8 题样文】，按照下列要求完成操作。

(1) 图片与文字环绕：将“素材\8.8.2.jpg”与“素材\8.8.4.jpg”图片插入文档并与文字紧密环绕。

(2) 插入页眉：插入页眉，页眉中插入艺术字“香港将建 88 层摩天大楼”。

(3) 插入外部资源：将“素材\8.8.1.xls”文件中的表格插入到当前文档。

(4) 设置特殊格式：提升“铁路公司”文字 6 磅，并加着重号。文字突出显示为黄色。

(5) 插入音频文件：将“素材\8.8.5.mid”文件插入到当前文档中。

(6) 转换格式保存文档：将当前文档保存在“结果”文件夹，类型为网页文件，文件名为“8.8”。

8.9 第9题

打开“素材\8.9.2.doc”文件，参考【8.9 第9题样文】，按照下列要求完成操作。

(1) 应用并设置样式：

① 将“第12章 网页制作”样式设置为“标题1”，格式为：宋体，1号，红色字。

② 将“12.1 Web基本概念”样式设置为“标题2”，格式为：黑体，3号，黑色字。

③ 将“12.1.1 Web组成”样式设置为“标题3”，格式为：宋体，小3号，黑色字。

④ 将“一、Web工作过程”样式设置为“标题4”，格式为：黑体，小4号，黑色字。

(2) 插入外部资源：将“素材\8.9.1.jpg”文件中的图片插入当前文档，图片与文字上下环绕。

(3) 生成目录：插入“三级目录”到文档末尾。

(4) 生成文档模版：保存当前文档为模版文件，存放在“结果”文件夹，文件名为“8.9”。

8.10 第10题

打开“素材\8.10.2.doc”文件，参考【8.10 第10题样文】，按照下列要求完成操作。

(1) 文字与段落格式设置：将第一自然段文字颜色设置为蓝色，给“拼搏”二字加拼音注解。

(2) 图片与文字混排：将“素材\8.10.1.jpg”图片平铺于文档中，并置于文字底部。

(3) 超级连接：超链“我的校园”文字到“素材\8.10.3.htm”文件中。

(4) 应用并创建样式：创建样式1，格式为“隶书，小1号字，红色，居中”，将样式1应用于“致新生的一封信”文字。

(5) 转换格式保存文档：将当前文档保存在“结果”文件夹，类型为网页文件，文件名为“8.10”。

8.11 第11题

打开“素材\8.11.2.doc”文件，参考【8.11 第11题样文】，按照下列要求完成操作。

(1) 选择粘贴：将“素材\8.11.3.doc”文件中文字格式粘贴到当前文档中。

(2) 合并文件：将“素材\8.11.3.doc”文字内容合并到“8.11.2.doc”文件末尾。

(3) 段落排版：将合并后的文件内容分为三栏。

(4) 文档加边框：文档的首行和尾部加灰色的背景条。

(5) 图片与文字环绕：将“素材\8.11.1.doc”文件中的两个图片分别插入到文档中，图片与文字之间紧密环绕。

(6) 设置文字特殊格式：给标题文字“攀登珠穆朗玛”加拼音，并设置为蓝色字。

(7) 超级链接：标题“攀登珠穆朗玛”超链到“素材”文件夹的“8.11.3.doc”文件。

(8) 转换格式保存文档：将当前文档保存在“结果”文件夹，类型为网页文件，文件名为“8.11”。

8.12　第12题

打开“素材\8.12.1.doc”文件，参考【8.12　第12题样文】，按照下列要求完成操作。

(1) 建立样式：新建四个样式。

样式1：黑体，1号字，蓝色，居中。

样式2：楷体，3号，缩进，黑色。

样式3：楷体，四号字，黑色，缩进。

样式4：宋体，小四号字，首行缩进。

(2) 应用样式：将“人类未来进化趋理性浅析”标题应用为“样式1”；将“一、未来的人类将是什么样子的”、“二、人类基因工程”应用为“样式2”；将“1. 科学家观点”、“2. 大多数科学家的观点”、“1. 人类基因组工程”、“2. 基因导致疾病”应用为“样式3”；各自然段正文应用“样式4”。

(3) 设置文字特殊格式：第一自然段“见解”加圈，突出显示为红色；第三自然段“基因”加着重号，突出显示为绿色。

(4) 图片与文字环绕：插入“素材\8.12.2.jpg”图片文件，并与文字紧密环绕；图片高度为5.87厘米、宽度为7.62厘米；给图片加边框。

(5) 转换格式保存文档：将当前文档保存在“结果”文件夹，类型为网页文件，文件名为“8.12”。

8.13　第13题

新建一个Excel文档，参考【8.13　第13题样文】，按照下列要求完成操作。

(1) 插入外部数据：将“素材\8.13.1.doc”中的表格复制到新建的工作簿的Sheet1工作表中，重新命名工作表的名字为“员工薪水”。

(2) Excel表的计算：计算表中每一个员工的“薪水”(薪水=工作时数*每小时工作数*80%)。

(3) 生成图表：根据每个职工的工作时数生成饼图，并显示工作时数所占百分比。

(4) 下载资源：打开网页文件“素材\8.13.2.htm”，下载网页中的“计算机”图片，并插入表中。

(5) 转换格式保存文档：将当前文档保存在“结果”文件夹，类型为网页文件，文件名为“8.13”。

8.14 第14题

打开“素材\8.14.1.doc”文件，参考【8.14 第14题样文】，按照下列要求完成操作。

(1) 插入外部数据：将“素材\8.14.2.xls”文件中的表和图插入到当前文档中。

(2) 设置表格的格式：表格的填充颜色参照“样文\8.14样文.doc”。

(3) 表格与文字的环绕：将第二、三自然段分成两栏；表与文字左边环绕，图与文字右边环绕。

(4) 设置自选图：增加一个“椭圆”自选图形，边界为虚线，将“计算机”图片叠放在椭圆中。

(5) 设置文字特殊格式：第一自然段加着重号，将“日本东芝”字符合并。

(6) 生成文档模版：保存当前文档为模版文件，存放在“结果”文件夹，文件名为“8.14”。

8.15 第15题

打开“素材\8.15.2.doc”文件，参考【8.15 第15题样文】，按照下列要求完成操作。

(1) 插入外部数据：将“素材\8.15.1.xls”文件的“个人简历一览表”插入当前文档。

(2) 设置表格格式：填写表中内容，将表头填充“灰色”背景色，表格线为红色。

(3) 表格与图片环绕：将“素材\8.15.3.jpg”插入照片栏中。

(4) 加入水印：给表格添加文字水印背景“请勿复制”。

(5) 插入页眉：插入页眉“长春邮电系统”。

(6) 保存文件：将文档保存成模版文件，存放在“结果”文件夹，文件名为“8.15”

8.16 第16题

打开“素材\8.16.2素材.xls”工作簿，参考【8.16 第16题样文】，按照下列要求完成操作。

(1) 插入外部数据：插入“素材\8.16.1.doc”文件中的表格到该工作簿的sheet1工作表中，并重命名该工作表名为“学生成绩图表”。

(2) 编辑表格：对“学生成绩图表”工作表编辑，插入“平均分”一列。

(3) 公式运用：通过公式计算平均分和总分。

(4) 生成图表：根据表中的数据创建嵌入式的三维饼图，并根据样文格式化图表。

(5) 自选图的使用：用自选图注解最高成绩。

(6) 保存电子表：保存当前文档为 Excel 电子簿，存放在“结果”文件夹，文件名为“8.16”。

8.17　第 17 题

新建一个 Word 文档，参考【8.17　第 17 题样文】，按照下列要求完成操作。

(1) 下载资料：下载“素材\8.17.1.html”文件中的前六行文字和图片，将下载的文字和图片粘贴到新建的文档中，并将图片与文字“紧密环绕”；正文为隶书，4 号字；将“素材\8.17.2.jpg”图片文件插入文档的开始处。

(2) 文字转换成图片：设置“西安大唐芙蓉园”标题格式为 2 号,楷书，红色，背景色设为黄色，并将其文字转换为图片。

(3) 设置艺术字：设置“欢迎参观大唐芙蓉园”为艺术字，格式为“36 号宋体字”，垂直排列并浮于文字上方。

(4) 文字设置特殊格式：合并“大雁塔”，突出显示为黄色；给“大唐芙蓉园”文字加拼音，文字为红色。

(5) 设置页面格式：插入页眉，页眉内容为“2006 年 3 月”及“西安大唐芙蓉园管理处”文字。

(6) 转换格式保存文档：将当前文档保存在“结果”文件夹，类型为网页文件，文件名为“8.17”。

8.18　第 18 题

打开“素材\8.18.2.xls”文件，参考【8.18　第 18 题样文】，按照下列要求完成操作。

(1) 格式化工作表：给工作表加红色边框。

(2) 下载资料：下载“素材\8.18.1.htm”网页文件中的任意图片，将下载的图片插入当前工作表中。

(3) 生成图表：生成前五个人的“薪水”折线图。

(4) 统计：分类统计各部门的薪水总和。

(5) 转换格式保存文档：将当前文档保存在“结果”文件夹，类型为网页文件，文件名为“8.18”。

8.19　第 19 题

打开“素材\8.19.1.xls”，参考【8.19　第 19 题样文】，按照下列要求完成操作。

(1) 公式应用：计算表格中的季销售额；“季度销售”大于或等于 1000，“季销售完成情况”为“完成”，否则为“未完成”。

(2) 生成图表：生成饼图，图中显示各药品的完成情况占总完成情况的百分比。

(3) 将“素材\8.19.2.doc”文件的图片插入。

(4) 超级链接：完成超级链接“会议通知”到“素材\8.19.2.doc”文件。

(5) 转换格式保存文档：将当前工作表保存在“结果”文件夹，类型为网页文件，文件名为“8.19”

8.20 第20题

打开“素材\8.20.2.doc”文档，参考【8.20 第20题样文】，按照下列要求完成操作。

(1) 下载资源：打开“素材\8.20.1.htm”网页，将“Beijing 2008”图片和“福娃妮妮”图片下载。

(2) 环绕图片：将下载的“Beijing2008”图片和“福娃妮妮”图片插入到文档头部，并将艺术文字“同一个世界，同一个梦想！”浮于图片上。

(3) 设置特殊文字格式：给“好运北京”文字加拼音；“奥”字加圈。

(4) 转换文字为图片：将“北京欢迎您，当您置身于……”这段文字设置为“隶书，2号，斜体，绿色背景”，并将这段文字转换成图片。

(5) 设置水印：设置文字水印“2008奥运”，红色，斜式放置。

(6) 转换格式保存文档：将当前文档保存在“结果”文件夹，类型为网页文件，文件名为“8.20”。

【8.1 第 1 题样文】

网络对学生的危害调查

目前世界上哪些国家的学生上网最多？

一项名为“互联网面面观”的调查访问了全球 16 个电子计算机普及率较高的国家及地区共 1 万名 12 至 25 岁的学生，显示结果如下表所示：

这项调查表明网络对学生的影响不言而喻。而在 1998 年美国心理学年会上，有研究报告指出，迷恋互联网极易“上瘾”，危害最多的群体当属学生—大约四分之三的学生承认出现了成瘾有关的神经衰弱、失眠、头痛等症状。伯兰特医学院一名心理学教授在对 277 名学生进行的调研后发现，有的学生遇到彷徨、苦闷、沮丧、失落感等负性心理障碍时，往往求助并依赖于互联网络寻求刺激、慰藉，以求摆脱心理困境。

网络的影响

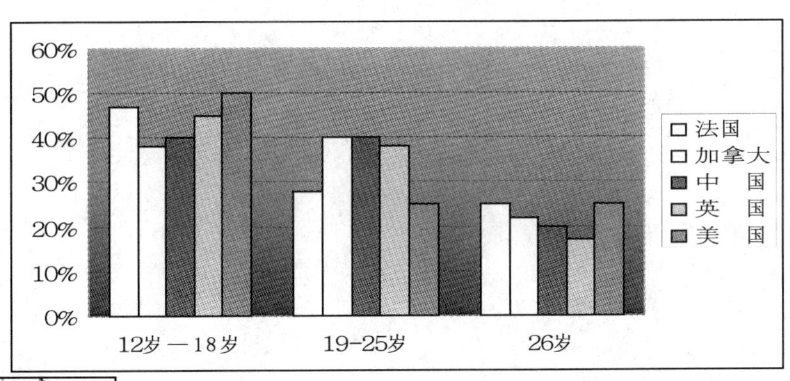

8.1.3.mid

【8.2 第2题样文】

网页制作工具介绍

目前有许多设计Web页面的工具软件，总体上可以分为两大类。一类为用HTML语言直接编制Web页的编辑软件，即用普通编辑器（如记事本）直接编写，称为“批处理”方式。另一类使用可视化网页制作工具Dreamweaver、FrontPage等页面设计软件，不需了解HTML就可直接对页面进行编辑排版，称为“所见即所得”（What you see is what you get，WYSIWYG）方式

网页制作工具

请点击“FrontPage”打开另一个网页。

【8.3 第3题样文】

轻轻一推门，园墙外远山成了楼台中的画。长廊履步在香气波光里 踏断夏天的箫声，恍如山林间 被樵夫惊散的鸟鸣。池上大朵大朵荷花，独坐在这水[illegible]石笋上苍玉泪痕……

Welcome to Suzhou Garden!

园林是建筑的一朵奇葩，小桥流水，曲径通幽，奇山怪石，鸟语花香，这是怎样的意境！优雅宜人的环境，巧夺天工的设计，蕴含着深厚的文化，颐和园，圆明底蕴。常州园林，苏州园林园……这其中的意味您得自己去体会……。

【8.4　第 4 题样文】

王老师：您好！

由于近来工作很忙，很久没有给您写信，望谅解！近来工作忙吗？现在是否还在新泽西大学任教？春节即将来临，祝您春节快乐，身体健康！

某大学

(86) (10) 61234567

【8.5　第 5 题样文】

第 10 章　计算机网络应用技术

本章主要介绍计算机网络基本技术和应用，通过学习本章使读者掌握计算机的基本概念、基本技术，以及网络工具的具体应用，学会借助网络技术进行工作和学习。

1.1　计算机网络基础知识

随着计算机技术的高速发展，计算机应用日益普及，网络技术正在对人类经济和生活等各方面产生巨大的影响。电子商务、网上银行、远程教育等与人们的联系越来越紧密。在不远的将来，人们将过上真正意义上的网络化、数字化生活。因此，掌握计算机及网络的基础知识和应用技术，已经成为人们未来生活和工作所必备的基本素质。

1.1.1　计算机网络基本概念

1．什么是计算机网络

所谓计算机网络（jì suàn jī wǎng luò），就是把分布在不同地理区域的计算机与专门的外部设备用通信线路互连成一个规模大、功能强的网络系统，从而使众多的计算机可以方便地互相传递信息，共享硬件、软件、数据信息等资源。连接对象是计算机、数据终端等，连接的介质是通信线路、通信设备，控制传输的是网络协议、网络软件，如图 10.1 所示。

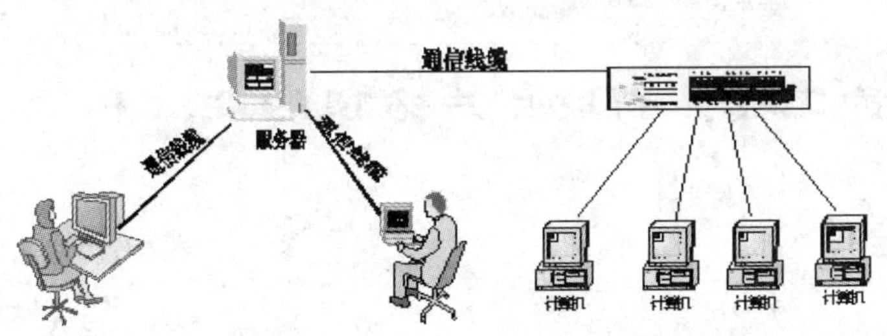

图 10.1　计算机网络组成示意图

【8.6 第 6 题样文】

FrontPage 2000 的特点 7/9/2008 5:15:27 PM

FrontPage 2000的特点

FrontPage 是微软公司发布的 Office 办公套件中的一个组成部分，是建立和管理网站的专业工具。它能够帮助开发者建立专业、精确的网站，能够在可视化的开发环境下帮助开发者精确的放置每一个元素在网页中的位置、为网站设定了专业的谐调的外观。FrontPage 还提供了一系列

Wǎng zhàn guǎn lǐ
网 站 管 理和维护工具，帮助用户方便的建立和维护自己的网站。

【8.7.1　第 7 题样文】

学生成绩一览表							
学号	姓名	高等数学	普通物理	外语	计算机	总分	平均分
960006	卢利利	96.00	88.00	99.00	87.00	370.00	92.50
960006	卢明	90.00	87.00	86.00	97.50	360.50	90.13
960009	英平	98.00	87.00	81.50	90.00	356.50	89.13
960005	田华	78.00	96.00	89.00	91.00	354.00	88.50
960004	马立涛	79.50	88.50	90.50	93.50	352.00	88.00
960001	王小萌	78.00	88.00	90.00	91.00	347.00	86.75
960008	赵炎	96.00	76.00	81.00	92.50	345.50	86.38

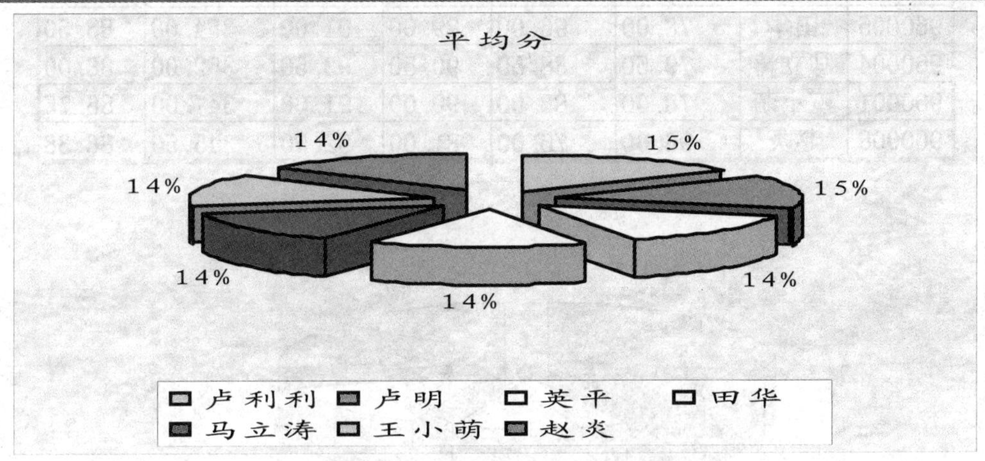

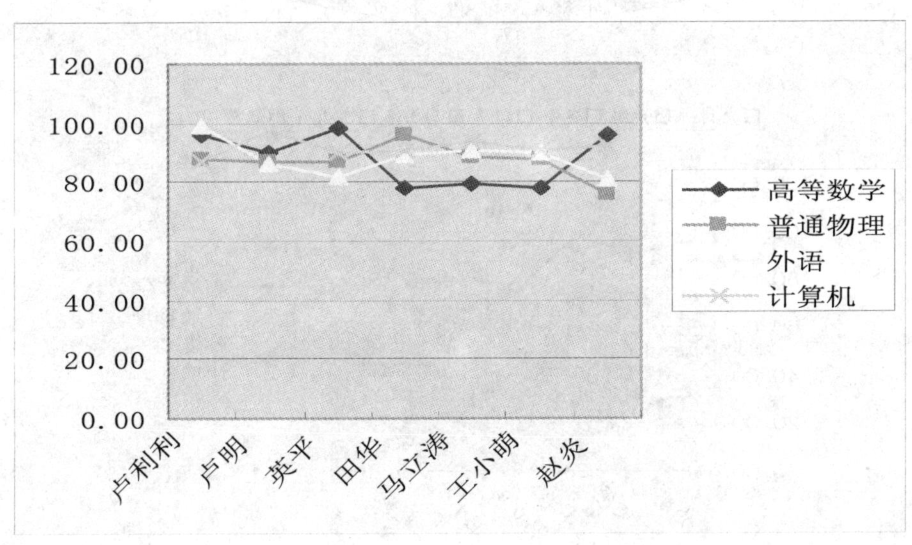

【8.7.2 第 7 题样文】

2007 年学生成绩统计调查

今年 2 月份，我校对数学系的 2004 级“计算数学”专业学生进行了教学成绩统计，下列图表是调查结果：

学生成绩一览表							
学号	姓名	高等数学	普通物理	外语	计算机	总分	平均分
960006	卢利利	96.00	88.00	99.00	87.00	370.00	92.50
960006	卢明	90.00	87.00	86.00	97.50	360.50	90.13
960009	英平	98.00	87.00	81.50	90.00	356.50	89.13
960005	田华	78.00	96.00	89.00	91.00	354.00	88.50
960004	马立涛	79.50	88.50	90.50	93.50	352.00	88.00
960001	王小萌	78.00	88.00	90.00	91.00	347.00	86.75
960008	赵炎	96.00	76.00	81.00	92.50	345.50	86.38

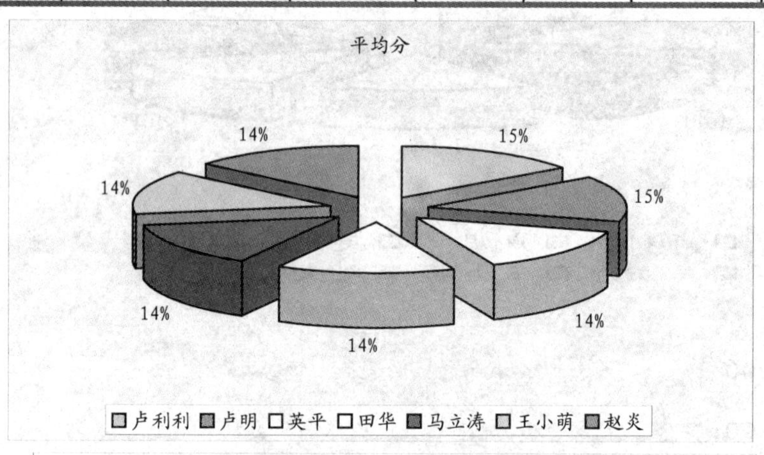

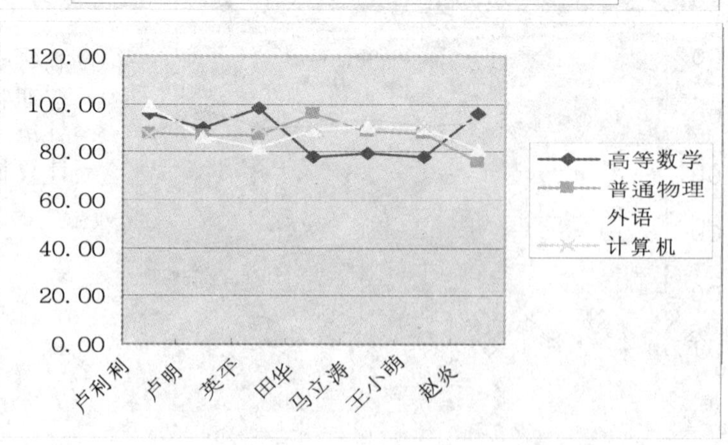

【8.8　第 8 题样文】

香港将建88层摩天大楼

4月30日，香港地下铁路公司宣布，将与由多家地产发展商组成的财团斥资400亿元发展机场铁路位于中环的“香港站”上盖物业，其中将兴建一栋高400米，共88层的商厦。预计于2003年落成后这座大厦将成为全港最高、全球排名第五的建筑物，而大厦的顶层更会设立眺望台，让公众俯瞰香港全景。人们相信，这座新的建筑物将可与美国纽约帝国大厦和法国埃菲尔铁塔媲美，她将取代中环广场成为香港的标志性建筑，并成为香港新的旅游观光景点。

这个投资项目是对现时全球耗费资金最大的私营发展项目之一，发展项目共分四期兴建，预计1998年至2004年相继落成商厦及商场等设施，那座88层的商厦将于2003年落成交付使用。届时，地铁香港站由铁路连结新机场，加上完美的商业及交通设施，将发展成为商业核心区。

8.8.5.mid

世界最高五栋大厦

排名	大厦	城市	高度（米）	落成年份
1	环球金融大厦	上海	454	预计 1998
2	PEATRONAS TOWER	吉隆坡	450	1996
3	SEARS TOWER	芝加哥	443	1973
4	世贸中心	纽约	420	1973
5	机铁中环站东北大楼	香港	400	2003

【8.9　第 9 题样文】

第 12 章 网页制作

随着计算机网络的广泛应用，尤其是 Internet 的普及与发展，网络已经成为个人、企业和政府机关发布和获取信息的主要手段。

本章主要介绍网页设计与制作的基本知识，讲解用 FrontPage 设计制作网页的具体方法及如何在 Internet 上构建、管理和发布网站。

12.1 Web 基本概念

Web 是 WWW（World Wide Web）的简称，中文意思是万维网。Web 是建立在客户机／服务器模型之上，以 HTML 语言和 HTTP 协议为基础，将位于全世界 Internet 网上不同网址的相关数据信息有机地编织在一起，通过浏览器(browser)提供一种友好的信息浏览系统，并能够提供面向各种 Internet 的服务（如 Telnet、FTP、E-mail 等）。

12.1.1 Web 组成

一、Web 工作过程

Web 系统主要由 Web 服务器、Web 客户机、Web 页面和 HTTP 协议组成。其基本结构是一个**客户机／服务器模型**，用户通过客户端的浏览器发出访问请求，服务器响应请求下载 Web 页面信息，如下图所示。

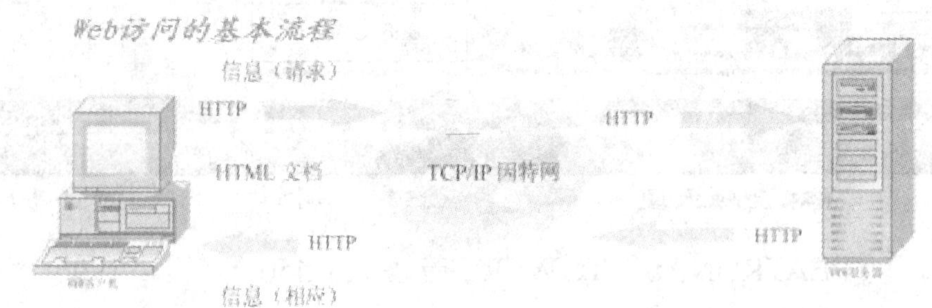

图 12-1 Web 结构图

【8.10　第 10 题样文】

致新生的一封信

亲爱的新同学们：

经过黑色七月的拼搏(pīnbó)，欢迎成为大学校园里的新成员，成为这新世界千年的第一届学生。

大学是什么？这是每个刚踏进大学校园的学子所追问的。或许你们中的很多人在心中早已对"大学"这个字眼下过自己的定义：自由，快乐，有很多的空闲时间……这或许都没错，但大学对你和我来说更重要的是一个知识的殿堂，是一片智慧的沃土，是一个理想放飞的海港。在这里你可以选择志存高远，勤学苦读，你也可以选择得过且过，潇洒走一回，但是，如果你想在四年后的今天无悔这一段旅程的话，那么，请你们认认真真地走过这人生中最灿烂的一段青春时光。

在许多作家和文学爱好者笔下，大学生活总是笼罩着玫瑰色的光环，却绝少有人提及那些最普通同时也是最实际的问题。其实，诠释大学生活，庄严的高等学府还是比美丽的伊甸园来的更贴切、更实在些，走好大学生活的第一步，搞懂这一点是很重要的。我们想做的，就是要帮大家熟悉学校、熟悉环境，尽快的适应起校园中的一草一木，尽快适应起大学的学习和生活。

某大学　一学生　请点击"我的校园"来看看我的校园吧！

【8.11　第 11 题样文】

少年情怀

pāndēngzhūmùlǎngmǎ
攀登珠穆朗玛

从前，我渴望到达世界屋脊
而今，我幸运地站在珠穆朗玛之下
往昔许多神秘的梦幻
都被眼前的景象湮没
这是奇伟的珠穆朗玛特有的景色

——纯洁与宁谧
抬头望那似乎无数的山峰
她在烟云雾霭中扑朔迷离
我不觉得有些茫然：
未来的道路——漫长，艰辛
那漫长的艰辛中
只有白皑皑的冰雪
除了风啸别无他籁
——我能忍受这单调和寂寞吗？

Learn How to Build an Online Business
Follow our Dot Com Roadmap

我的心愿

【8.12 第 12 题样文】

人类未来进化趋理性浅析

一、未来的人类将是什么样子的

1. 科学家观点

研究人类进化的科学家们，提出了三种不同的见解。英国古生物与古人类学家多格尔·狄克森在他的著作《<ruby>人类之后<rt>rénlèizhīhòu</rt></ruby>》中声称：生物的进化程度越高，也就衰亡得越快。人类是地球上进化程度最高的生物，已经经历了 150 万年的进化历程，现在开始走下坡路，走向衰退。

2. 大多数科学家的观点

然而大多数科学家却并不赞成狄克森这种悲观的论调。以加拿大自然博物馆人类学家卢瑟尔和塞格京为代表的科学家，从达尔文的进化理论出发，认为人类的诞生和进化是沿着一条直线发展的。

二、人类基因工程

1. 人类基因组工程

人类基因组工程的预期成果又会给人类自身的进化带来哪些影响呢？专家说，对人类基因结构进行解密是历史上最重要的一个里程碑，这是生物界的月球登陆任务。当然这只是开始。这一发展将对科学和医学产生重大影响。

2. 基因导致疾病

对基因是如何导致疾病的根本认识将产生新的药品，给病人以个人化的治疗，甚至在出生之前就将疾病根除。

【8.13　第 13 题样文】

某公司员工工资分配

员工薪水表

序号	姓　名	部　门	分公司	工作时间	工作时数	小时报酬	薪水
1	段　楠	软件部	北京	1983-7-12	140	31	3472
2	陈勇强	销售部	北京	1990-2-1	140	28	3136
3	郑　丽	软件部	北京	1988-5-12	160	30	3840
4	明章静	软件部	北京	1986-7-21	160	33	4224
5	吕　为	培训部	北京	1984-4-8	140	27	3024
6	杨明明	销售部	北京	1989-11-15	140	29	3248
7	刘鹏飞	销售部	北京	1984-8-17	140	25	2800
8	李媛媛	软件部	北京	1984-8-23	160	29	3712
9	石　垒	软件部	北京	1989-12-13	160	32	4096
10	郑　莉	软件部	北京	1987-11-25	160	30	3840

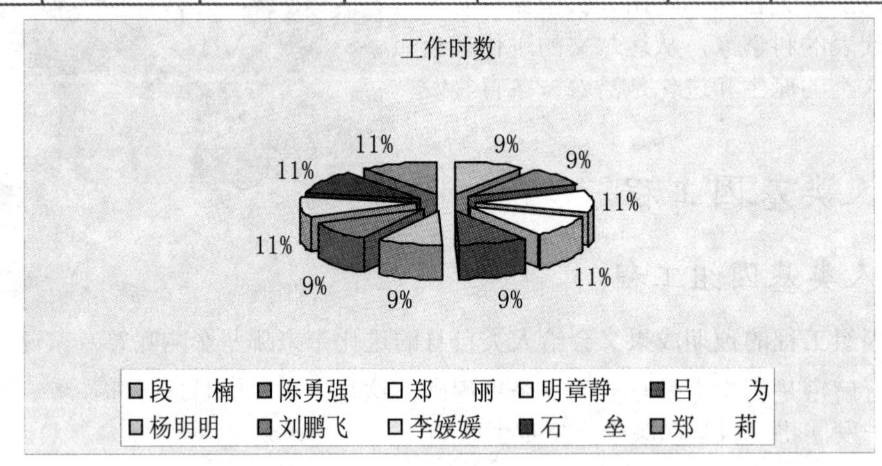

【8.14 第 14 题样文】

日本东芝研制的电脑

最近由日本东芝和索尼公司带头、日立和富士通紧步其后集中推出的新产品，看起来似乎要改变我们以往对计算机的理解。一些生产家电系列产品公司的创新很可能会迫使其它所有公司推出更简单、用途更广泛、外观更像家用电器的电脑。

新机型看来会改变我们已熟悉的电脑

东芝 Infinia 台式新机型领导了日本新潮流。Infinia机型显然就是膝上型电脑和电视机结合的产物。

除了光滑黑亮的造型，还有两个特点使得 Infinia 与众不同。触摸式多媒体控制板和显示器相连，并包括一个大圆钮，使您不用点击图表或者移动屏幕上的滑动条就可以控制音箱音量。

东芝混合性机
基本规格
133-200 兆赫奔腾处理器
16-32MB 标准内存
1.5-3.0GB 硬盘，8 倍速光驱
通讯能力
28.8kbps 传真调制解调器，话筒，语音邮件
特性
电视，收音机，高保真音响
价格
（含显示器）2148-3548 美元

【8.15　第 15 题样文】

长春邮电系统

各位同志：

招聘工作即将进行，“个人简历一览表”的格式已经存放在“素材\1.15.1 素材.xls” 电子表中，希望大家将表格转存到下面，填写内容，并将自己的照片(“素材\1.15.3 素材.jpg”)插入到“照片”处。

<table>
<tr><td colspan="7">个人简历一览表</td></tr>
<tr><td>姓名</td><td>张华</td><td>性别</td><td>女</td><td>年龄</td><td>30</td><td rowspan="4"></td></tr>
<tr><td rowspan="3">地址</td><td colspan="5">通信地址：长春路 21 号</td></tr>
<tr><td>邮政编码</td><td>770069</td><td>电子邮件</td><td colspan="2">123wang@126.com</td></tr>
<tr><td>电话</td><td>7966258</td><td>传真</td><td colspan="2"></td></tr>
<tr><td>应聘岗位</td><td colspan="6">□科研　□管理　□服务</td></tr>
<tr><td rowspan="6">所受教育程度</td><td colspan="2">时间</td><td colspan="4">学校</td></tr>
<tr><td colspan="2">1998 年—2002 年</td><td colspan="4">山西大学计算机系学习</td></tr>
<tr><td colspan="2"></td><td colspan="4"></td></tr>
<tr><td colspan="2"></td><td colspan="4"></td></tr>
<tr><td colspan="2"></td><td colspan="4"></td></tr>
<tr><td colspan="2"></td><td colspan="4"></td></tr>
</table>

【8.16　第 16 题样文】

某大学学生成绩分析

姓名	数学	英语	计算机	平均分	总分
吴华	98	77	88	88	263
钱玲	88	90	99	92	277
张家鸣	67	76	76	73	219
杨梅华	66	77	66	70	209
汤沐化	77	65	77	73	219
万科	88	92	100	93	280
苏丹平	43	56	67	55	166
黄亚非	57	77	65	66	199

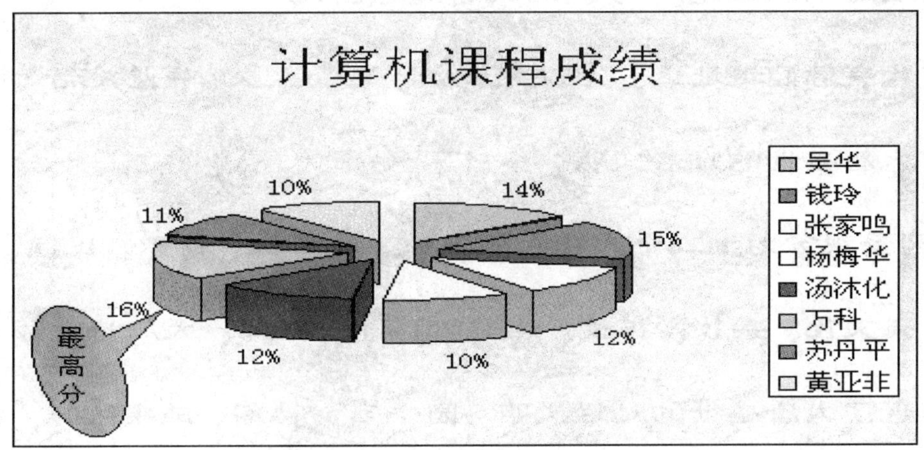

【8.17　第 17 题样文】

2006 年 3 月 西安大唐芙蓉园管理处

西安大唐芙蓉园

dà táng fú róng yuán

大唐芙蓉园位于古都西安大雁塔之侧，是中国第一个全方位展示盛唐风貌的大型皇家园林式文化主题公园。早在历史上，芙蓉园就是久负盛名的皇家御苑。今天的大唐芙蓉园建于原唐代芙蓉园遗址上，以“走进历史、感受人文、体验生活”为背景，展示了大唐盛世的灿烂文明。

全园景观分为十二个文化主题区域，从帝王、诗歌、民间、饮食、女性、茶文化、宗教、科技、外交、科举、歌舞、大门特色等方面全方位再现了大唐盛世的灿烂文明。园中亭台楼阁、雕梁画栋，包括有紫云楼、仕女馆、御宴宫、芳林苑、凤鸣九天剧院、杏园、陆羽茶社、唐市等众多景点

【8.18 第 18 题样文】

软件公司员工薪水表

姓　　名	部　　门	分公司	工作时间	工作时数	小时报酬	薪水
殷　泳	培训部	西京	90-7-26	140	21	2940
王　雷	培训部	南京	89-2-26	140	28	3920
朱小梅	培训部	西京	90-12-30	140	21	2940
	培训部 汇总					9800
杜永宁	软件部	南京	86-12-24	160	36	5760
杨柳青	软件部	南京	88-6-7	160	34	5440
段　楠	软件部	北京	83-7-12	140	31	4340
楮彤彤	软件部	南京	83-4-15	160	42	6720
	软件部 汇总					22260
王传华	销售部	西京	85-7-5	140	28	3920
刘朝阳	销售部	西京	87-6-5	140	23	3220
陈勇强	销售部	北京	90-2-1	140	28	3920
于　洋	销售部	西京	84-8-8	140	23	3220
	销售部 汇总					14280
	总计					46340

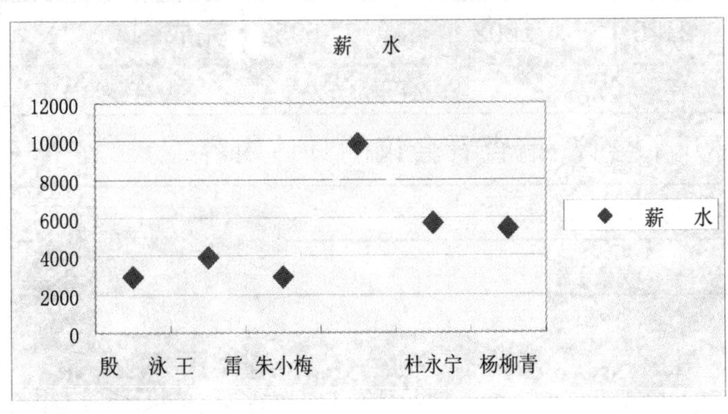

【8.19　第 19 题样文】

某药品店季度销售情况统计表

药　名	一月	二月	三月	季度销售	季销售完成情况
维生素 E	1589	1966	1320	4874	完成
维生素 D	678	890	800	2368	完成
维生素 B	660	688	680	2028	完成
维生素 A	1280	1380	1300	3960	完成
黄莲上清丸	3800	3900	3800	11500	完成
感冒清	1050	2100	850	4000	完成
西瓜霜	2200	1800	2300	6300	完成
保喉片	230	212	182	624	未完成
善存丸	20050	23000	28050	71100	完成
巨王钙	10500	20100	18500	49100	完成
施尔壮	10500	10100	10850	31450	完成
瘦身霜	22000	10800	83000	115800	完成
养颜胶	2030	2120	1802	5952	完成

各部门负责人:今天下午召开了会议,请查看会议的具体内容

会议通知

【8.20　第 20 题样文】

刚刚结束"好运北京"(hǎoyùnběijīng)现代五项世界杯赛的奥体中心体育馆 19 日晚再度人声鼎沸，彩灯闪烁，“放歌奥运”慰问奥运工程建设者大型演唱会上演。上万名奥运建设者与各界群众同庆中秋佳节，共享㊣奥运欢乐。

北京欢迎您，当您置身于"同一个世界，同一个梦想"的奥运盛会中，您也将同时感受着北京这个东方文明古都

附录 1　陕西省计算机综合应用能力考试大纲(中级)

第 1 部分　计算机基础及安全与维护知识

1．了解计算机的概念、类型、发展史及其应用领域。

2．了解数字化信息编码的概念及常用的信息编码；掌握数制及不同数制间数据的转换。

3．了解计算机的数据与编码。计算机中数据的表示、数据的存储单位（位、字节、字）；西文字符与 ASCII 码；汉字及其编码（国标码）的基本概念。

4．掌握计算机硬件系统的组成和功能，内容包括 CPU、存储器（ROM、RAM）以及常用的输入和输出设备的功能和使用方法。

5．了解计算机软件系统的组成和功能：系统软件和应用软件。

6．了解计算机中机器语言、汇编语言、高级语言和数据库语言的概念。

7．了解计算机系统的配置及主要技术指标。

8．了解计算机安全的概念、影响因素及其防范措施。

9．了解计算机病毒的基本概念、特征、危害。

10．掌握常见杀病毒软件的使用方法及其环境设置。

第 2 部分　Windows XP 操作系统

1．掌握操作系统的概念、功能和分类。

2．掌握 DOS 的概念、组成和启动；了解 DOS 的文件、目录和路径的概念；了解 DOS 方式的基本操作和 DOS 应用程序的执行。

3．掌握 Windows 操作系统的基本概念及其特点、功能、配置和运行环境。

4．掌握 Windows XP 系统的启动和退出方法及桌面的组成。熟练掌握应用程序的运行和退出。

5．熟练掌握 Windows XP 基本元素（图标、窗口、鼠标器、菜单、对话框等）的操作方法。

6．熟练掌握 Windows XP 的文件、文件夹、目录、路径的概念。

7．熟练掌握资源管理器的使用，以及文件和文件夹的创建、移动、复制、更名、删除及设置属性等操作。

8．熟练掌握 Windows XP 快捷方式的创建和使用。

9．熟练掌握 Windows XP 控制面板的基本使用方法，如显示器属性、屏幕保护、输入法、添加/删除程序等。

10．熟练掌握 Windows XP 环境下中文输入法的安装、删除和选用。熟练掌握一种汉字的输入方法。

11．掌握附件（记事本、画图和多媒体）的基本操作。

12．掌握打印机的安装和使用。

第 3 部分　多媒体技术基础

1．掌握多媒体的基本概念。

2．了解常见多媒体文件格式。

3．掌握多媒体计算机组成。

4．熟练掌握 Windows 系统中多媒体软件的使用（Media Player、录音机、画图）。

5．掌握常用压缩工具软件(WinRAR、Winzip 等)的使用。

第 4 部分　计算机网络与 Internet

第 1 单元　网络基础知识

1．掌握计算机网络的基本概念、功能、分类。

2．了解常用网络拓扑结构。

3．了解网络的组成和常用设备的功能。

4．掌握局域网环境下资源共享的使用。

5．掌握 TCP/IP 网络通信协议的设置。

第 2 单元　Internet 知识

1．Windows XP 下 ADSL 接入 Internet 的方法。

2．掌握 IE 浏览器的使用方法。

3．掌握常用文件下载工具的使用，通过 IE 浏览器下载网页和文件。

4．使用常用网络通讯工具（QQ、 MSN）收发文件。

5．了解 IE 浏览器参数的设置。

第 5 部分　Word　2003

第 1 单元　Word 文档格式

1．文字编辑：插入、复制、移动、删除。

2．文字格式设置：字体、字号、字型、边框与底纹、文字效果。

3．段落格式设置：段落左、段落右缩进、对齐、行间距、首字下沉。

4．项目符号与编号：给指定的内容添加项目符号或编号，并进行格式设置。

5．图片的插入与格式设置：插入位置、水印、亮度、对比度、填充效果与线条等。

6．艺术字设置：艺术字的样式、形状及格式设置。

7．文本框与自选图形：绘制、组合、填充效果与线条设置。

第2单元　Word版面设置与编排

1．页面设置与打印：页面纸张大小、方向、边距、对齐方式、打印输出。

2．页眉与页脚：添加页眉与页脚、文档添加脚注与尾注。

3．批注的使用：对象批注的添加、编辑、删除。

4．查找与替换：对指定的对象替换或格式设置。

5．文档的保护：内容的保护与修订，密码的添加。

第3单元　Word表格编辑

1．表格行、列操作：行、列、单元格的插入、删除、移动，行高与列宽的设置。

2．单元格操作：单元格的合并、拆分，单元格数据填充、数据对齐方式。

3．表格的格式设定：内、外框线线型和颜色的改变，自动套用格式的使用。

4．表格的操作：表格自动调整操作、排序、表格属性设置。

5．表格的转换：表格与文字、文字与表格。

第6部分　Excel　2003

第1单元　Excel工作簿操作

1．熟练掌握工作簿、工作表、单元格的概念。

2．工作表数据的输入：数值型数据、字符型数据、日期型数据、自动填充序列、有效性检验、自定义序列等。

3．工作表行、列、单元格的操作：插入、删除、复制、移动、调整、隐藏等。

4．设置单元格格式：字体、数字、对齐、条件格式、底纹、跨列居中、合并单元格等。

5．设置表格格式：手动设置、自动套用格式。

6．工作表操作：工作表更名、复制、建立、移动、保护、冻结窗格、隐藏等。

7．工作表打印：页面设置、打印预览及输出。

8．批注操作：添加、删除。

9．建立公式：工作表的地址引用、公式编辑器。

10．图表操作：建立图表、编辑图表。

第2单元　Excel数据处理

1．公式的编辑与常用函数使用：Sum、Average、Max、 Min、 if等。

2．数据排序：主、次关键字，笔画、字母。

3．数据筛选。

4．数据合并计算：按位置和类别合并。

5. 数据分类汇总：单个和嵌套分类汇总。

第 7 部分 PowerPoint 2003

第 1 单元 幻灯片的制作

1. 演示文稿的创建、打开与保存。
2. 幻灯片文字编排、图片、图表的插入。
3. 设计模板与版式的应用。
4. 幻灯片编辑处理：插入、删除、移动、复制。

第 2 单元 幻灯片的编辑

1. 幻灯片背景设置：填充效果（渐变、纹理、图案、图片等）。
2. 幻灯片的切换、动作设置。
3. 背景音乐的插入。
4. 动画效果的设置与幻灯片的放映。

第 8 部分 综 合 应 用

1. 文档的下载：在指定的网页上按要求下载内容。
2. 文档的合并：在指定的位置完成文档内容的合并。
3. 超链接应用：链接到指定的网址或文件。
4. 图文混排、表格混排。
5. 选择性粘贴。
6. 中文版式设置：添加拼音、带圈字符、合并字符等。
7. 在文档中创建样式、使用样式。
8. 在文档中自动生成三级目录。
9. 在 Word 文档中插入 Excel 图表、表格。

附录 2　选择题参考答案

第 1 章

1. C　2. B　3. C　4. B　5. B　6. A　7. D　8. B　9. A　10. A
11. B　12. D　13. C　14. D　15. A　16. C　17. A　18. C　19. B　20. C
21. D　22. C　23. C　24. B　25. C　26. A　27. C　28. A　29. C　30. D
31. C　32. C　33. B　34. B　35. C　36. D　37. D　38. D　39. C　40. B
41. A　42. D　43. D　44. A　45. A　46. D　47. D　48. A　49. C　50. A
51. D　52. C　53. D　54. A　55. B　56. D　57. D　58. B　59. D　60. D
61. C　62. B　63. B　64. A　65. A　66. C　67. A　68. B　69. C　70. B
71. C　72. D　73. D　74. D　75. D　76. D　77. C　78. A　79. D　80. D
81. B　82. D　83. B　84. A　85. A　86. D　87. A　88. D　89. A　90. A
91. D　92. D　93. C　94. B　95. A　96. A　97. D　98. C　99. B　100. B

第 2 章

1. A　2. D　3. B　4. C　5. A　6. D　7. A　8. D　9. B　10. C
11. D　12. D　13. D　14. C　15. D　16. B　17. D　18. B　19. C　20. D
21. B　22. A　23. A　24. D　25. B　26. C　27. C　28. D　29. D　30. B
31. A　32. C　33. C　34. C　35. A　36. A　37. C　38. D　39. B　40. B
41. A　42. C　43. D　44. B　45. C　46. C　47. D　48. B　49. D　50. C
51. D　52. C　53. D　54. C　55. D　56. D　57. B　58. D　59. D　60. B
61. B　62. D　63. C　64. D　65. C　66. C　67. D　68. D　69. D　70. C
71. C　72. D　73. A　74. A　75. D　76. D　77. C　78. A　79. D　80. D
81. D　82. D　83. C　84. D　85. B　86. C　87. C　88. B　89. B　90. D
91. C　92. A　93. D　94. A　95. B　96. A　97. D　98. B　99. A　100. A
101. B　102. C　103. A　104. C　105. C　106. B　107. D　108. B　109. D　110. C
111. D　112. C　113. D　114. C　115. A　116. B　117. C　118. C　119. B　120. D
121. C　122. C　123. A　124. D　125. C　126. A　127. B　128. A　129. B　130. D
131. D　132. C　133. C　134. C　135. B　136. C　137. C　138. D　139. C　140. D
141. B　142. B　143. C　144. B　145. B　146. A　147. C　148. C　149. B　150. A

第3章

1. A 2. D 3. D 4. C 5. D 6. C 7. D 8. D 9. C 10. B
11. C 12. B 13. A 14. B 15. B 16. A 17. B 18. A 19. C 20. C
21. D 22. C 23. A 24. B 25. D 26. B 27. C 28. B 29. C 30. A
31. A 32. C 33. D 34. D 35. B

第4章

1. A 2. B 3. A 4. A 5. B 6. D 7. D 8. A 9. A 10. D
11. A 12. B 13. B 14. A 15. B 16. C 17. A 18. D 19. B 20. B
21. A 22. A 23. B 24. A 25. D 26. D 27. D 28. A 29. C 30. A
31. A 32. D 33. D 34. C 35. B 36. D 37. B 38. C 39. A 40. D

第5章

1. D 2. B 3. C 4. D 5. C 6. A 7. C 8. D 9. B 10. C
11. D 12. D 13. C 14. B 15. C 16. B 17. B 18. C 19. C 20. B
21. B 22. C 23. B 24. D 25. B 26. A 27. D 28. B 29. D 30. D
31. D 32. C 33. A 34. C 35. B 36. D 37. C 38. C 39. C 40. D
41. D 42. D 43. C 44. A 45. D 46. D 47. A 48. B 49. A 50. D

第6章

1. C 2. B 3. A 4. D 5. C 6. D 7. D 8. D 9. D 10. C
11. D 12. B 13. C 14. A 15. B 16. A 17. D 18. B 19. B 20. B
21. C 22. B 23. C 24. B 25. C 26. C 27. C 28. B 29. C 30. C
31. C 32. D 33. C 34. D 35. D 36. B 37. B 38. D 39. D 40. A
41. C 42. B 43. B 44. D 45. C 46. A 47. B 48. C 49. B 50. A

第7章

1. A 2. C 3. C 4. B 5. C 6. C 7. A 8. D 9. D 10. B
11. D 12. C 13. A 14. B 15. A 16. B 17. B 18. D 19. D 20. C
21. B 22. B 23. D 24. B 25. D 26. C 27. C 28. C 29. A 30. A
31. D 32. B 33. B 34. B 35. C 36. D 37. B 38. A 39. B 40. C
41. D 42. B 43. A 44. B 45. D 46. D 47. A 48. D 49. C 50. C